JORGE LABORDA

QUILO DE CIENCIA
VOLUMEN I
(2000-2002)

© Jorge Laborda, 2014

Reservados todos los derechos

All rights reserved

JORGE LABORDA

QUILO DE CIENCIA
VOLUMEN I
(2000-2002)

Artículos de divulgación científica lo más informativos comprensibles y divertidos que un soñador pudo crear

© Jorge Laborda, 2014

Reservados todos los derechos

All rights reserved

TÍTULO:
Quilo de Ciencia Volumen I (2000-2002)

AUTOR:
Jorge Laborda

© Jorge Laborda Fernández, 2014

EDICIÓN Y COORDINACIÓN:
Jorge Laborda

MAQUETACIÓN:
Jorge Laborda

PORTADA:
Alberto Nueda y Jorge Laborda
Imagen de la Portada: El piloto del Módulo Lunar Apolo 15 James Irwin saluda a la bandera estadounidense. This file is in the public domain because it was solely created by NASA. NASA copyright policy states that "NASA material is not protected by copyright unless noted". (See Template:PD-USGov, NASA copyright policy page or JPL Image Use Policy.)

IMPRESIÓN:
Lulu

Reservados todos los derechos. De acuerdo con la legislación vigente y bajo las sanciones en ella previstas, queda totalmente prohibida la reproducción o transmisión parcial o total de este libro, por procedimientos mecánicos o electrónicos, incluyendo fotocopia, grabación magnética, óptica, o cualesquiera otros procedimientos que la técnica permita o pueda permitir en el futuro, sin la expresa autorización, por escrito, de los propietarios del copyright.

ISBN: 978-1-326-08481-3

Reservados todos los derechos
All rights reserved

ÍNDICE

Introducción 1
La Ciencia "Mete La Pata" 3
Bodas De Plata Para Los Anticuerpos Monoclonales 7
Bio In Sílico 11
De Ruidos En La Mente A La Imagen Del Recuerdo 15
La Primera Piedra: Investigación 19
Vacaloquio 25
El Descubrimiento Del Siglo 29
La Biología De La Creatividad 35
Biotecnología Contra La Mentira 41
El Sabor Del Tacto, El Tacto Del Sonido, El Sonido Del Color 45
El Tercer Ojo 49
Nanobióticos 53
Marihuana Y Salud 57
La Puerta De La Contracepción Masculina 61
Recambios Celulares 65
¿Autómatas Genéticos? 69
Guerra Vírica 73
La Deconstrucción De La Gran Pirámide 77
La Esponja Antidiabética 81
El Fin De La Vida 85
Lucha Equivocada 89
Curarse Por Huevos 95
SETI 99
Libertad Robótica 105
Magnéticamente 111
¿Cura Para El Alzheimer? 117
De La Manzana De Newton A Los Neutrones De Nasvizhevsky 123
Esto Es De Risa 127
Sahelanthropus 131
Neurobiología De La Detección De Tramposos 135
Lenguaje Y Neuronas 139
Maltrato, Genes Y Agresividad 143
Nanogigabytes 147
La Misma Cara, Cada Vez Más Lejos 151

Hormonalmente Orientados 155
Hombres, Mujeres y El Reconocimiento De Sus Rostros 159
Placebo: La Realidad De Lo Imaginario 163
Bacterias, Virus y Bichos De Mal Vivir.. 167
La Domesticación Del Lobo 171
Hermano Ratón 175
Planeta Enfermo.. 179
El Nacimiento De Dios 183
Ciencia 2002 187

Introducción

LO QUE USTED va a encontrar en las páginas de este y de los otros volúmenes que lo siguen es una colección de artículos de divulgación científica publicados en diarios españoles desde el año 2000 al 2014 (todos los que he escrito excepto los ya publicados en los libros *Las mil y una bases del ADN y otras historias científicas* -2005- y *El embudo de la Inteligencia y otros ensayos* -2008-). Los artículos abarcan un amplio espectro de temas científicos, principalmente biomedicina, y hablan de los avances que nos promete el siglo XXI, el cual, cuando comencé a escribirlos, apenas comenzaba. Los artículos están escritos con la mayor sencillez de la que he sido capaz, intentando educar, sorprender y divertir al lector, todo al mismo tiempo.

Podrá parecer que artículos sobre ciencia, algunos escritos hace más de catorce años, no pueden ya aportarnos una imagen actualizada de la ciencia. Al contrario, considero que los cortos ensayos incluidos aquí constituyen una pequeña ventana retrospectiva, fácil de abrir, que nos puede ilustrar muy bien sobre cómo avanza la ciencia, cómo algunas promesas no se cumplen, y cómo se "venden" sus progresos. Además, puede también enseñarnos sobre aspectos fundamentales de la ciencia y del método científico, el cual he procurado mostrar en mis artículos siempre que ello no los ha convertido en demasiado arduos.

Para comprender los contenidos de este libro no es necesario, en absoluto, ser un experto en ciencia alguna. Sin embargo, sí es necesaria una cultura científica general y mucha curiosidad, ganas de aprender y también de sorprenderse y maravillarse con el mundo, la vida y el universo. El lector debe conocer conceptos básicos, como lo que es una bacteria, un virus, un gen, o una galaxia, lo que no debería ser demasiado difícil para quien lea corrientemente la prensa, vea algunos documentales en la televisión o escuche la radio. Probablemente, si ha leído hasta aquí ya posee estos conceptos, así que lo mejor será que demos por terminada esta introducción y nos adentremos en la materia. Que disfrute con la lectura.

Jorge Laborda Fernández

Noviembre de 2014

Nota: La ortografía de esta edición ha sido actualizada de acuerdo a las últimas normas de la RAE.

La Ciencia "Mete La Pata"

RARA VEZ NOS hacemos la pregunta de por qué tenemos dos brazos, en lugar de tres o cuatro, y por qué cinco dedos, en lugar de solo uno. Quizá algunos se la hayan formulado al ver una de esas películas de ciencia–ficción que muestran monstruos extra-galácticos de formas imposiblemente horrendas, que amenazan con el Fin del Mundo, una vez más. Pero los científicos tienen la mala costumbre de plantearse preguntas así de extrañas y, lo que es peor, de intentar responderlas e, incluso, a veces, de conseguirlo. Poco a poco, la ciencia está descubriendo qué es lo que determina la estructura y la forma de los cuerpos de los animales, entre ellos del nuestro. Como no podría ser de otra manera, es la Biología y la Genética Molecular las que nos están proporcionando las claves de la respuesta.

Hace ya años que estas preguntas estaban en la mente de los biólogos y genéticos moleculares. Por ejemplo, un viejo artículo publicado en la revista científica humorística *The Journal of Irreproducible Results* (*El Diario de Resultados Irreproducibles*) hacía mención a los avances en genética molecular que nos esperaban en el futuro. Entre ellos, el autor especulaba con la creación de especies mejoradas, como pollos que tuvieran seis u ocho muslos, lo que evitaría las peleas familiares a la hora de la cena, ya que, como es bien sabido, todos preferimos comernos uno, o mejor dos, muslos si tenemos ocasión.

La realidad se encarga, como tantas veces, de superar la ficción. No hace mucho tiempo se descubrieron en los Estados Unidos malformaciones anatómicas en ciertas ranas silvestres que tenían aumentado el número de extremidades posteriores. Los animales mostraban tres o cuatro patas, o partes de ellas. Lo peor era que estas deformidades no parecían ser el resultado de un experimento para abaratar la sopa de ancas, sino que todo apuntaba a algún efecto de la contaminación medioambiental sobre el desarrollo morfológico (de la forma) de esos animales. El hallazgo, por supuesto, causó cierta preocupación, ya que estas malformaciones en los anfibios podían augurar malformaciones en animales que pueden sernos más queridos: nuestros propios hijos. De momento, nada de esto se ha producido, aunque sigue sin saberse a ciencia cierta la razón de las malformaciones tan llamativas en las extremidades de los anfibios. De lo que no parece caber duda es de que las deformaciones son causadas por mutaciones en los genes que controlan la forma del cuerpo de los animales.

Pero, ¿qué determina la forma de nuestros cuerpos? ¿Por qué tenemos dos piernas y no tres? Para comprender esto, debemos tener presente que nuestros cuerpos son como un gigantesco juego infantil de construcción, y están constituidos por miles de millones de piezas diferentes: nuestras células. Al igual que un juego de construcción consta de piezas de diferentes formas y tamaños, diseñadas para formar diferentes estructuras –puertas, ventanas, almenas y torreones–, nuestros cuerpos también poseen diferentes clases de piezas celulares: neuronas, células musculares, de la piel, del riñón, del hígado... Entre otras, una de las diferencias entre nuestro cuerpo y un juego de construcción, claro está, es que las piezas del juego de construcción están diseñadas por alguien, para construir algo siguiendo las instrucciones incluidas en un manual que alguien tiene que leer, comprender e implementar. Nuestras diferentes células, sin embargo, parecen diseñarse solas. De una sola célula formada por la unión de un óvulo y de un espermatozoide se desarrollan, diferencian, como se dice en lenguaje científico, todas las demás dentro del útero materno. ¿Cómo sucede esto? Es uno de los temas que, en sus detalles, la ciencia no ha resuelto aún completamente, aunque sí en lo fundamental. Sabemos que las células poseen sus propias instrucciones de diseño, contenidas en el ADN de sus genes, y también sabemos que las instrucciones que cada célula lee le indican que debe comunicarse con sus vecinas y mandarles a su vez instrucciones de comportamiento. Las células se comunican molecularmente unas con otras, se organizan, y cada una decide, literalmente, qué va a ser de mayor, si célula del cerebro o célula de la piel, por ejemplo, y esto sin entrar en conflicto con sus compañeras. Cada célula asume un papel, como si de actores de una obra de teatro se tratara, actores que se pusieran de acuerdo para representar la obra (el cuerpo de un animal) siguiendo un guión que cada uno llevara escrito dentro.

Los científicos han comenzado a descubrir cuáles son los genes que participan en la arquitectura del cuerpo animal. Para ello, han utilizado animales simples, sobre todo insectos y gusanos. Así, han empezado a catalogar los genes que controlan la morfología, la anatomía, de los animales. En un estudio reciente, el Dr. Lewis y sus colegas, de la Universidad de Wisconsin, en los EE.UU. han descubierto el funcionamiento de dos genes que controlan el número de patas del escarabajo rojo de la harina. Modificando esos genes han sido capaces de aumentar, en efecto, el número de patas de ese animal (ver figura).

Aunque la identidad genética entre los insectos y los animales superiores, entre los que me atrevo a incluir al ser humano, es mayor de la que nos gustaría, queda mucho camino por andar para descubrir qué genes son los encargados de controlar el número de muslos de un pollo. Sin embargo, no me cabe duda de que, ya que es cuestión de patas, todo se andará y la ciencia descubrirá también ese secreto. Los avances en la obtención de secuencias de los genomas enteros de diversos animales y su comparación entre sí nos permitirán, por ejemplo, averiguar por qué un gato y un tigre son tan parecidos en su morfología y tan diferentes en su talla, así como otros secretos de la morfología animal. Sin embargo, dadas las implicaciones que estos trabajos pueden tener para el futuro de la Humanidad, creo que habrá que avanzar con cautela, no vayamos a meter la pata, o, en este caso, las patas.

30 de mayo de 2000

Bodas De Plata Para Los Anticuerpos Monoclonales

AUNQUE SOLO SEA por haber trabajado durante más de ocho años como investigador y revisor de solicitudes de investigación clínica en la División de Anticuerpos Monoclonales de la *Food and Drug Administration* estadounidense, debo escribir solo fueran unas palabras sobre los anticuerpos monoclonales. Pero además de las razones sentimentales, existen razones científicas, porque estas maravillosas moléculas no han cedido aún todos sus secretos.

Los anticuerpos son proteínas producidas por el tipo de glóbulos blancos de la sangre denominados linfocitos B. Tenemos millones de estos circulando por nuestro cuerpo, y cada uno es capaz de producir un anticuerpo diferente. Que lo produzcan o no depende de que el linfocito se active, es decir, se encuentre con una sustancia, denominada antígeno, que le induzca a crecer y a multiplicarse, y a producir anticuerpos contra ella. En este caso, el linfocito se divide y produce miles de copias idénticas de sí mismo, todas produciendo, a su vez, moléculas de anticuerpo idénticas, dirigidas a neutralizar al mismo antígeno. Todos los linfocitos de la sangre capaces de reaccionar contra distintas partes de la molécula de antígeno producirán sus propios clones, que fabricarán anticuerpos ligeramente diferentes contra distintas partes del antígeno. Estos anticuerpos, procedentes de muchos clones de linfocitos diferentes, se denominan policlonales.

Es interesante, por muchas razones, poder disponer de un solo linfocito que produzca un solo clon, y un solo anticuerpo, por ejemplo el que más eficazmente luche contra el antígeno. Sin embargo, los linfocitos B normales mueren tras un tiempo relativamente corto. No se pueden, pues, cultivar en el laboratorio, manteniéndolos indefinidamente con vida para recuperar los anticuerpos que producen. Es imposible, por tanto, inyectar un antígeno a un animal, por ejemplo una bacteria patógena, recuperar uno de sus linfocitos B y reproducirlo miles de millones de veces en frascos de cultivo y que produzcan así grandes cantidades de anticuerpo para su uso clínico. Esto es lo que llamaríamos un anticuerpo monoclonal, y este año se cumple el vigésimo quinto aniversario de la obtención del primero. Sus creadores, los científicos César Milstein y George Kohler, recibieron el premio Nobel por este logro. Desde que la producción de estas moléculas fue posible, los anticuerpos monoclonales han sido herramientas muy importantes tanto en la diagnosis como en la terapia de muchas enfermedades, entre ellas el cáncer.

Pero, ¿cómo consiguieron esos dos científicos crear el primer anticuerpo monoclonal? Existe un tipo de cáncer de las células inmunes, el mieloma, que se caracteriza por que una célula productora de anticuerpos se ha convertido en tumoral y se reproduce sin descanso, fabricando una gran cantidad de anticuerpo. Como la célula es tumoral, no muere en un frasco de cultivo, y se puede usar para reproducirla y fabricar cantidades ilimitadas del anticuerpo que produce. Desgraciadamente, el problema es que no sabemos contra qué antígeno va dirigido ese anticuerpo, ya que las células tumorales surgen al azar de entre todos los linfocitos, activados o no, por lo que cultivarlas sumidos en ese tipo de ignorancia no tiene utilidad alguna. ¿No sería fantástico disponer de una célula tumoral que produjera un anticuerpo contra el antígeno que nosotros queramos?

Lo que Milstein y Kohler hicieron fue fusionar una célula de mieloma con un linfocito B activado contra el antígeno que ellos habían elegido. De la fusión celular surgió una nueva célula, mezcla de las dos anteriores, que nunca antes la Naturaleza había visto. Esta nueva célula fusionada tenía la propiedad de ser inmortal, como la célula tumoral, pero también la de producir anticuerpos contra el antígeno de elección. La célula podía cultivarse en el laboratorio indefinidamente. Se abrió así la llave a la producción de enormes cantidades de anticuerpos idénticos, monoclonales, dirigidos contra antígenos de interés clínico, entre ellos los antígenos tumorales. La manera en que se hace esto es inyectar a un animal, en general, un ratón, células tumorales humanas, aislar sus linfocitos y fusionarlos con una célula de mieloma. Las células fusionadas productoras de los mejores anticuerpos contra el tumor son seleccionadas para su cultivo.

Pero, ¿cómo funcionan los anticuerpos? Los anticuerpos son moléculas en forma de Y que constan de dos partes fundamentales: la parte que se une al antígeno, la cual se encuentra en los brazos de la Y, y otra parte, denominada Fc, de la que existen varias clases, que cumple la función de unirse a moléculas o células del sistema inmune especializadas en destruir a los antígenos. Estas moléculas o células no pueden actuar contra el antígeno a menos que un anticuerpo lo haya descubierto antes rondando por ahí. La parte que se une al antígeno es diferente para cada anticuerpo, pero el resto de la molécula es común para todos.

La *Food and Drug Administration* ha concedido su autorización a la puesta en el mercado de varios anticuerpos monoclonales para el diagnóstico o el tratamiento del cáncer. El más reciente, denominado, *Trastuzumab* (vaya nombrecito), se dirige contra una molécula presente en la superficie de las células de cáncer de mama. Esta molécula es responsable de enviar al interior de las células tumorales señales que las inducen a crecer. El anticuerpo se une a esta molécula e impide que esta envié dichas señales, retrasando, aunque no bloqueando completamente, el crecimiento tumoral. En este caso, la parte Fc del anticuerpo no parece ejercer ningún efecto antitumoral.

De hecho, hasta hace poco se pensaba que el efecto antitumoral de los anticuerpos se debía exclusivamente a su región de unión con el antígeno, pero no a su región Fc, que no funcionaba en el entorno tumoral. Datos recientes, sin embargo, indican que la región Fc puede también desempeñar un papel antitumoral importante al atraer células destructoras. Las distintas clases de Fc no poseen la misma capacidad para atraer a las células destructivas. Desgraciadamente, hasta la fecha se ha dedicado un gran esfuerzo en mejorar la parte de los anticuerpos que se une al antígeno, pero se ha "olvidado" o incluso suprimido, la parte Fc. El nuevo descubrimiento de su importancia antitumoral abre pues nuevas perspectivas para la producción de anticuerpos antitumorales más activos que, además de unirse muy específicamente a las células cancerosas, dejando en paz a las normales, induzcan su destrucción más eficazmente. A pesar de que ya tienen veinticinco años, el uso de los anticuerpos monoclonales en la Medicina parece tener un futuro esperanzador para todos.

13 de junio de 2000

Bio In Sílico

La Biología y las Matemáticas no parecen llevarse bien. Al menos no tan bien como la Química y la Física lo hacen con ella. Esto no se debe a una particular aversión de los biólogos por las Matemáticas o de los matemáticos por la Biología, sino a la complejidad de los sistemas biológicos, muy difícil del reducir a modelos matemáticos. Sin embargo, los avances del conocimiento en Informática y en Biología han conducido a una interacción entre Biología, Matemáticas e Informática más intensa. Algunos de los resultados de esta interacción son muy estimulantes.

Hace ya muchos años que la Informática y la Biología se han aproximado. Por ejemplo, existe una ya vieja disciplina informática, denominada Vida Artificial, que pretende simular en el ordenador los sistemas biológicos. Se han logrado simular muchas interesantes propiedades de estos sistemas, incluido el propio origen de la vida, es decir, el nacimiento y evolución de entidades autorreplicantes a partir de una "sopa primordial". Otros programas simulan el funcionamiento de redes neuronales, aspectos de la embriogénesis, etc. La vida artificial no solo posee un interés académico, sino que sus aplicaciones son numerosas en muchos aspectos de la Informática y de la tecnología, como la Inteligencia Artificial y la Robótica.

Al margen de la fascinación de poder simular en un ordenador algunos aspectos de la complejidad de lo viviente, la importancia de esta disciplina es su capacidad de experimentación virtual y también su poder de predicción. No podemos diseñar un experimento real sobre la evolución de las especies, porque duraría millones de años, pero podemos hacerlo en un ordenador. Los resultados de estos experimentos de simulación permiten extraer concusiones o formular hipótesis sobre el funcionamiento de los sistemas vivos que de otra manera hubieran sido imposibles. Tan fascinante es este tema que hace años se demostró que en un universo de vida artificial, formado por los denominados autómatas celulares, podrían construirse ordenadores capaces, a su vez, de simular el propio sistema que los había creado. Algo parecido a la situación que empezamos a vivir, en la que teóricamente ya somos capaces de reproducir artificialmente el genoma que nos ha creado. ¿Será nuestra realidad una entidad simulada en un ordenador?

Pero dejemos la Filosofía Artificial (¿Acabo de inventar una nueva disciplina? ¿Por qué no?), y limitémonos a la simulación informática. Donde los ordenadores y las Matemáticas tienen que echar una mano a los biólogos moleculares es, sin duda, en la comprensión de las redes genéticas. Ahora que conocemos, o en breve conoceremos, todos los genes de nuestro genoma, se hace imperativo avanzar en la comprensión de las interacciones de unos genes con otros. A estas interacciones es a lo que se ha llamado redes genéticas. Ayudándonos de la analogía con un motor, en este las piezas interaccionan unas con otras, generando lo que podríamos llamar redes mecánicas, o electromecánicas. De la misma manera que un motor está formado por dispositivos que funcionan independientemente unos de otros, pero que se integran formando un todo, los biólogos confían en que lo mismo sucede con los genes. Estos, se cree, interaccionan en subgrupos originando así los diversos mecanismos que forman la célula y el organismo. Tenemos la esperanza de que estos mecanismos individuales podrán ser estudiados separadamente unos de otros, lo que facilitará enormemente la comprensión del funcionamiento de lo viviente, que de otra manera sería imposible. Para comprender la enormidad de la tarea, valga mencionar que, si es verdad lo que leí en alguna parte, nadie conoce en profundidad todos los mecanismos necesarios para el funcionamiento de un Boeing 767. En otras palabras, el ser humano ha sido capaz de fabricar un artefacto que nadie, individualmente, comprende en su totalidad. Sin embargo muchos individuos por separado han sido capaces, no solo de comprender, sino de diseñar los mecanismos e integrarlos para formar el avión completo. De manera similar, se pretende atacar el problema de comprender, y quizás recrear, los mecanismos de lo viviente, si es que estos, como parece, están formados por mecanismos más sencillos integrados unos con otros.

Un primer resultado esperanzador, que indica que es, en efecto, así como están formados y funcionan los seres vivos, apareció publicado hace unas semanas en la revista *Nature*. El Dr. von Dawson y sus colegas de la Universidad de Washington, en la ciudad de Seattle, publicaron la simulación en un ordenador de una red genética que controla la formación de los segmentos del embrión de la mosca del vinagre, *Drosophila melanogaster*. Para conseguirlo, los investigadores analizaron los datos experimentales acumulados hasta la fecha sobre el control de la segmentación del embrión de este simpático insecto, muy estudiado por los biólogos moleculares. Sin embargo, en un primer intento, no fueron capaces de simular el patrón de segmentos observado en el embrión de la mosca. Haciendo uso de la intuición científica, (particularidad humana que algún día los ordenadores también nos ayudarán a comprender, aunque nos pese) los investigadores se dieron cuenta de que los biólogos moleculares, que trabajaban cada uno por separado en un gen particular de la red genética, podían no haber identificado correctamente todos los componentes de esa red. Así, el Dr. von Dawson y sus colaboradores añadieron nuevas piezas lógicas a su red y volvieron a simular su funcionamiento. Esta vez lo consiguieron. Su modelo simulada bien el patrón de segmentos embrionario y contaba de 136 ecuaciones diferenciales y 50 parámetros.

Este trabajo, de una enorme complejidad, nos comunica un mensaje esperanzador por varias razones. En primer lugar, es posible simular el funcionamiento de redes genéticas en un ordenador. Esto sugiere que, en efecto, estas redes genéticas que integran mecanismos biológicos individuales existen y podrán ser descubiertas analizadas y simuladas en el futuro. Por otra parte, añade un factor muy importante: el poder de predicción. La Física se ha caracterizado por esta particularidad, no así la Biología. Muchos modelos físicos predecían la existencia de fenómenos o partículas que después fueron comprobados experimentalmente. La Biología se adentra ahora también por ese camino. Los investigadores, analizando el modelo genético que se creía correcto hasta la fecha, descubrieron que no estaba completo y predijeron la necesidad de "piezas" adicionales que, una vez incorporadas, lo hicieron funcionar. Los científicos experimentales pueden ahora dirigir su atención hacia esas "piezas" y comprobar si, en efecto, forman también parte de la red genética y cómo se integran en ella. No hay duda de que, avanzando por este nuevo camino, la Biología, y también la Medicina, nos depararán agradables sorpresas.

8 de agosto de 2000

De Ruidos En La Mente a La Imagen Del Recuerdo

Puesto que nadie se lo va a creer, no diré que este artículo lo tenía pensado antes de que la Academia de Ciencias sueca otorgara el último premio Nobel de Medicina del milenio a los investigadores Arvid Carlsson, Paul Greengard y Eric Kandel, quienes han contribuido a esclarecer cómo se comunican las neuronas y cómo su comunicación y la estructura de las sinapsis son modificadas durante los procesos de aprendizaje y memoria.

No voy a explicar aquí, sin embargo, las implicaciones del trabajo de estos científicos (que podrán encontrar en otros sitios). Ni siquiera pretendo explicar lo que son las sinapsis que, como buenos españoles, todos deberíamos saber, puesto que las descubrió nuestro compatriota Santiago Ramón y Cajal, quien, por cierto, también recibió el premio Nobel en 1906. De lo que quiero hablarles hoy es de un procedimiento que permite extraer imágenes de nuestro cerebro en actividad, y eso sin dañarlo o lavarle las ideas en lo más mínimo (lo opuesto de la televisión, que nos introduce imágenes dañando y lavando la materia gris de aquel a quien aún le quede algo). Este procedimiento está siendo utilizado por numerosos investigadores en todo el mundo para desentrañar parte de los secretos del funcionamiento de nuestro cerebro, uno de los reductos que la ignorancia aún domina a pesar de los ataques de la investigación para adquirir conocimiento.

Pero antes de entrar en los, quizá aburridos, detalles de cómo funciona ese procedimiento, paseémonos un poco por la historia. Nos encontramos en 1926, en el Hospital Peter Bent Brigham de Boston. El Dr. John Fulton tiene la oportunidad de examinar un caso extraordinario. Un marinero de origen alemán, Walter, había sido admitido en el hospital aquejado de severos dolores de cabeza y de una visión pobre que se había ido deteriorando en los últimos cinco años. Durante los seis meses anteriores a su admisión en el hospital, Walter se había quejado de la presencia de un ruido en su cabeza (y eso que Walter no veía la televisión, ni seguía los debates políticos). El Dr. Fulton comprobó que, en efecto, la visión de Walter era mala y comprobó también que, si se aplicaba un estetoscopio a la parte occipital (trasera) de la cabeza de Walter, ¡se podía oír un ruido!, probablemente el ruido del que Walter se quejaba. El ruido subía y bajaba en intensidad con la misma frecuencia que los latidos del corazón de Walter.

Walter fue sometido a una operación exploratoria en donde se observó que sobre el córtex visual de su cerebro, que se encuentra en la parte occipital, se encontraban unos vasos sanguíneos extraños, procedentes de alguna malformación arterio-venosa. La malformación no pudo ser eliminada y Walter obtuvo, además, una cicatriz en la cabeza que tenía la ventaja de permitir al Dr. Fulton escuchar aun mejor el ruido con su estetoscopio. Durante su estancia en el hospital, Walter le dijo al Dr. Fulton que el ruido aumentaba cuando usaba sus ojos, para intentar leer, por ejemplo. En efecto, el Dr. Fulton comprobó que si Walter cerraba los ojos, el ruido iba poco a poco desapareciendo, pero al abrirlos, el ruido aumentaba en intensidad. Lo que sucedía era la evidencia que hacía falta para confirmar las hipótesis de otros investigadores, quienes aseguraban que el flujo sanguíneo en algunas zonas del cerebro cambiaba con la actividad mental. Eso es lo que parecía sucederle a Walter. Al intentar leer, el flujo sanguíneo en su córtex visual aumentaba, originando así el ruido en su cabeza al pasar por los vasos sanguíneos malformados. Al cesar en esta actividad, el flujo sanguíneo disminuía, y con ello también el ruido.

El caso de Walter confirmó la hipótesis de que la actividad cerebral va asociada con un aumento del flujo sanguíneo en la región del cerebro involucrada en esa actividad. A partir de esta observación, y apoyándose en el aumento de conocimiento en muchas otras áreas de la ciencia y la tecnología, hoy disponemos de un procedimiento que permite explorar las regiones del cerebro que se activan al efectuar diferentes actividades. Este procedimiento se denomina Tomografía por Emisión de Positrones y, como todo en ciencia, su fundamento es muy sencillo. Se trata de un procedimiento que usa ciertos trucos para, simplemente, medir el flujo sanguíneo en distintas zonas del cerebro. Para ello se inyecta en la sangre del sujeto bajo estudio agua radioactiva. El agua radioactiva que se usa aquí contiene un átomo de oxígeno que va a desintegrarse emitiendo un positrón, una partícula de antimateria correspondiente al electrón. El positrón emitido y un electrón del cuerpo se aniquilan mutuamente y emiten una radiación que puede detectarse con una cámara especial. Por supuesto, cuanto más agua radioactiva haya en un sitio determinado del cerebro, es decir, cuanta mayor sangre pase por ahí, mayor será el número de desintegraciones y mayor la radiación emitida. Puesto que, como hemos dicho, el flujo sanguíneo aumenta con la actividad de las zonas del cerebro involucradas en esa actividad, será en esas zonas donde haya mayor número de desintegraciones y, por tanto, mayor intensidad de radiación, que la cámara detectará. Digamos, para terminar, que la cantidad de radiactividad involucrada no es perjudicial para el paciente o sujeto en modo alguno, ya que desaparece en tan solo diez minutos.

Este procedimiento ha sido utilizado recientemente por un equipo internacional compuesto por investigadores suecos y canadienses. Estos investigadores han conseguido demostrar que las partes del cerebro que se activan al memorizar una correspondencia de palabras y sonidos dada por los investigadores son las mismas zonas que las que se activan al intentar recordar lo que se ha aprendido. En otras palabras, los resultados de esos estudios parecen indicar que, en el proceso de almacenaje de información, se activan unas zonas del cerebro que luego es necesario reactivar para extraer esa información. La evocación de los recuerdos pone en marcha de nuevo lo que la experiencia activó. En cualquier caso, ojala que esta lectura les haya activado las zonas cerebrales del conocimiento y del divertimento y que eso les dure, por lo menos, hasta que enciendan la televisión.

17 de octubre de 2000

La Primera Piedra: Investigación

La inminente colocación de la primera piedra del edificio de la Facultad de Medicina de la Universidad de Castilla-La Mancha y La celebración en Albacete la pasada semana de una jornada del Libro Blanco de la Atención Sanitaria, dedicada a analizar los problemas y el futuro de la investigación biomédica en nuestra región, me ha inducido a cambiar la filosofía de este con respecto a otros artículos y aprovechar esta oportunidad para intentar explicar aquí por qué la investigación en general, y la biomédica en particular, es tan importante para el futuro desarrollo de nuestra región, de España, de Europa y del mundo.

Algunos medios de comunicación están dedicando cierto esfuerzo para llevar a la opinión pública la enfermedad crónica de la ciencia española y la terrible situación vital en la que se encuentran muchos investigadores españoles. No voy a insistir aquí en las ideas que se repiten en esos medios sobre este tema, y ya que un artículo es insuficiente para un completo análisis de la situación de la ciencia en España, me referiré aquí a algunas ideas raramente expresadas en otros lugares.

Como investigador, debo decir que soy pesimista sobre que algún día las personas de este país lleguen a comprender la importancia de la investigación científica y la influencia que la ciencia tiene en la vida cotidiana de cada uno de nosotros. Sin embargo, y quizás motivado por ese pesimismo, me gustaría levantar mi voz en defensa de la ciencia, en defensa, en realidad, de todos.

Antes de hablar del valor de la ciencia, es importante que distingamos entre ciencia y tecnología. La tecnología es, es términos simples, lo que la ciencia nos capacita para hacer. La ciencia, la actividad que nos conduce a aumentar el conocimiento, conocimiento que nos proporciona la oportunidad de crear, de fabricar una nueva realidad: la tecnología. Para aquellos que no tengan clara todavía la diferencia, baste con decir que la tecnología de hoy se fundamenta en la ciencia del ayer, y la ciencia de hoy fundamentará la tecnología del mañana. Esto es siempre así, pero sobre todo en disciplinas en las que queda aún mucho por descubrir, como son la Biología y la Medicina.

Le agradecería que ahora reflexionara un momento sobre la influencia que la ciencia y la tecnología tienen en su vida. Nos levantamos por la mañana y nos dirigimos al cuarto de baño. Pulsamos un botón o una palanca y el agua evacua nuestros desechos. Sentimos cierto dolor de cabeza esa mañana por lo que, tras prepararnos unas tostadas en el tostador eléctrico y un café en nuestra cafetera automática, decidimos tomarnos una aspirina. Escuchamos las noticias de la mañana en la televisión. Hablan de Internet, de telefonía móvil, de una operación para separar a dos hermanas siamesas. Tras el desayuno caliente y la aspirina nos sentimos mejor. Nos dirigimos pues al trabajo en nuestro vehículo, esa maravilla de la ingeniería con bolsas de aire, frenos antibloqueo, dirección asistida, radio y CD y una manada de caballos y yeguas de potencia.

Todo lo anterior es cotidiano, todo parece normal. Pero la normalidad está apoyada en siglos de progreso científico. Siglos de progreso realizado, por desgracia, generalmente fuera de nuestras fronteras, en países extranjeros, aun más desarrollados, aun más científicos y tecnológicos que el nuestro. Y es que cuando se habla del desarrollo de los países, de eso que tanto gusta hablar a los políticos, se habla, en realidad y sobre todo, de la ciencia y de sus consecuencias en nuestras vidas.

Se han dicho muchas cosas para justificar que la ciencia en España esté a la cola de Europa. Se ha dicho que la investigación científica es cara, una inversión que posee un alto riesgo de retorno. España, un país "pobre", no puede permitirse despilfarrar el dinero en una actividad de tan dudosos beneficios. Se argumenta como si nuestra vida cotidiana estuviera desprovista de los beneficios de la ciencia.

¿Es la ciencia cara? Veamos. Según los datos de que dispongo, los gastos de operación y mantenimiento del recientemente creado Instituto de Investigaciones del cáncer de Salamanca, que cuenta con más de cien investigadores y técnicos, son de unos setecientos millones de pesetas al año. El traspaso de Figo costó diez mil millones, cantidad que permitiría funcionar al instituto durante más de catorce años. Si comparamos el dinero dedicado al fútbol con el dedicado a la ciencia en nuestro país, está claro qué actividad es más cara. También está claro a qué actividad se le presta más atención y cuál es más inútil. Pero a este país le interesa lo inútil. Como un colega me dijo una vez, ¿qué se puede esperar de un país que importa futbolistas y exporta científicos?

Así pues, se utiliza el argumento de que la ciencia es cara para justificar la pequeña inversión que en España se realiza en ella, comparada con la inversión de otros países de nuestro entorno, que siguen avanzando más deprisa que nosotros. También se justifica así la idea de que si se invierte dinero en ciencia, esta tiene que devolver con creces lo que se ha invertido. La filosofía actual parece ser que la inversión pública en ciencia en las Universidades o Centros de Investigación aporte a las empresas privadas españolas el conocimiento necesario para desarrollar tecnologías que permitan crear riqueza, que permitan, sobre todo, hacer ricos a los empresarios que poco o nada invierten en investigación. Esta idea puede parecer sensata, pero tiene la desventaja de convertir la ciencia en una actividad exclusivamente orientada a que quienes menos investigan obtengan pingües beneficios, en lugar de estar orientada a obtener más conocimiento para todos.

Y es conocimiento lo que la ciencia debe obtener. Lo demás viene por añadidura, como ha sucedido siempre, como la historia de la ciencia demuestra. Es siempre difícil dar dinero de manera altruista sin esperar necesariamente beneficios seguros. Sin embargo, hay gente que lo hace todos los días. Gente que da limosna y colabora por una causa justa, que lucha por dedicar, por ejemplo, el 0,7% del PIB a la ayuda al tercer mundo. La avaricia que se suele atribuir a la actividad científica, y a los propios científicos, la ha despojado de aquello que le es más noble. Pero, insisto, el objetivo de la ciencia no es el dinero, sino el conocimiento. Y si hay algo que trasciende todas las fronteras erigidas por los seres humanos es el conocimiento del universo que nos rodea. Si hay algo que es, sin ninguna duda, Patrimonio Universal de la Humanidad es lo que la ciencia consigue acumular: conocimiento. España es uno de los países que posee más monumentos y ciudades declarados Patrimonio Universal de la Humanidad, lo que a todos nos llena de orgullo. Pero donde España no contribuye lo que puede y lo que debe al patrimonio de la Humanidad es en el Patrimonio Universal número uno: la adquisición de conocimiento para el desarrollo de toda la Humanidad, no solo de algunas empresas españolas.

Sin embargo, aunque nos empeñemos en ser altruistas con la ciencia, la actividad científica no nos lo permite. Aunque la actividad investigadora básica no reportara beneficios materiales —lo cual no es cierto si se dedican a ella suficientes recursos humanos y materiales—, siempre los reportará intelectuales. La sociedad y la cultura que dedique esfuerzo a comprender mejor el mundo que le rodea, a comunicar ese conocimiento a sus miembros y a intercambiarlo con el adquirido por otras sociedades, poseerá un bien intelectual inapreciable: una visión más adecuada del mundo y del ser humano que hará a todos la vida más plena. Este sí es un signo de verdadero desarrollo humano. El desarrollo de una cultura de la investigación y de la ciencia permitiría, además, incorporar más rápidamente el conocimiento y las tecnologías desarrolladas en otras partes del mundo, y hacerlo sin complejos, ya que contribuiríamos a acrecentar el conocimiento universal en lo que nos corresponde.

No sé si alguna vez nuestro país colmará la deuda moral que tiene con el mundo. La deuda de ser un país bastante desarrollado gracias al uso de conocimiento y tecnología generados por otros países sin haber, a su vez, contribuido al desarrollo científico en la medida de sus posibilidades. Dudo de que así sea, a juzgar por la gestión de la ciencia y la política científica que se pretende desarrollar. Ya que tradicionalmente los gobiernos de España no han dado a la ciencia la importancia que se merece, me atrevo a sugerir aquí que quizás la solución provenga del aumento de la comprensión y voluntad populares para potenciar una cultura de la ciencia en España a través de la creación de organismos no gubernamentales. Esperemos que alguien entusiasta ponga también la primera piedra para esto. Al fin y al cabo, la ciencia, en España, es una discapacitada física e intelectual. Deberíamos ayudarla. En el fondo, así nos ayudaríamos todos.

21 de noviembre de 2000

Vacaloquio

EL MAL DE las vacas locas está de nuevo dando mucho de qué hablar, por desgracia. En mi opinión, como todo problema derivado del progreso – progreso que, no lo olvidemos, es demandado por todos, y no impuesto por los científicos o tecnócratas– es un problema mal comprendido por la gente de a pie y, por consiguiente, posee los ingredientes necesarios para generar psicosis.

Alguna vez quizá explique las razones por las que creo que un cierto grado de psicosis, y otras malformaciones del espíritu y la razón que siempre nos acompañan, son necesarias, paradójicamente, para la buena salud de la sociedad, pero hoy, me limitaré a señalar lo obvio. A diferencia de otros problemas graves, pero asumidos por la sociedad, los problemas nuevos y más o menos misteriosos tienden a ser considerados como "el problema del siglo". Así, el ciudadano medio (y no tan medio) circula por las carreteras superando sobradamente el límite de velocidad y fumándose el vigésimo primer cigarrillo, pero huye de la carnicería de vacuno o de los restaurantes de comida rápida donde sirven hamburguesas, comprensiblemente preocupado por una salud cerebral que quizás ya no tenga.

El cáncer, el SIDA, los accidentes de tráfico y las enfermedades y muertes causadas por el consumo de tabaco son problemas actuales, y probablemente también futuros, de una magnitud muy superior al problema de las vacas locas. Pero ya no nos preocupan porque son problemas viejos. Volveremos a hablar de esto más tarde, porque mi intención no es tranquilizar a nadie, ni sustraerle de su dosis de catastrofismo diario, que yo también necesito. Mi intención es solo procurar explicar de una manera sencilla qué es y cómo funciona el agente que causa la enfermedad de las vacas locas.

Lo más novedoso y llamativo de esta enfermedad infecciosa es que no está causada ni por una bacteria ni por un virus. Es bien sabido que las enfermedades infecciosas están causadas por parásitos que utilizan el organismo al que atacan para reproducirse, causándole así la enfermedad. Estos parásitos son generalmente organismos microscópicos que poseen su propio conjunto de genes, genes que contienen las instrucciones necesarias para su crecimiento y reproducción. Pero no es este tipo de microorganismo el que causa la enfermedad de las vacas locas. En este caso, el agente infeccioso es una sola molécula de proteína que animales y humanos poseemos en nuestro cuerpo, y que como todas las proteínas, está producida siguiendo las instrucciones de nuestros propios genes. Esto sí es una sorpresa, porque es la proteína infecciosa, sin genes adicionales, la que pasa de unos individuos a otros y se reproduce en su interior causando la enfermedad. Y la pregunta que nos hacemos es ¿cómo una proteína sin genes, es decir, sin instrucciones para reproducirse, puede hacerlo de todos modos y causar así una enfermedad infecciosa?

Para comprender esto, haremos uso de nuevo de la analogía entre la célula y el motor de automóvil. Ambos poseen un número elevado de piezas que guardan una determinada relación funcional entre ellas. Por ejemplo, un tornillo o una biela tienen una determinada forma que guarda relación con las piezas con las que se conectan para que el motor funcione. Lo mismo sucede con las piezas del funcionamiento celular, la mayoría de las cuales son proteínas. Claro, las piezas del motor han sido diseñadas por un equipo de ingenieros y técnicos, que han elaborado unos planos e instrucciones de montaje. Aunque sería largo de explicar, la célula no ha sido diseñada, sino que es resultado de la evolución de la materia viva. A lo largo de esa evolución, la célula ha adquirido también planos e instrucciones de montaje contenidas en los genes celulares. Son esos genes los que poseen las instrucciones para la fabricación de las piezas del motor celular y para el correcto ensamblado de unas con otras.

Es de todos conocido que si una pieza del motor se rompe, o simplemente se deforma, el motor puede dejar de funcionar. Lo mismo sucede con las células, las cuales, en este caso, pueden morir si una de sus piezas no funciona bien.

Imaginemos ahora una pequeña tuerca del motor que se ha deformado, o ha sido mal fabricada debido a un error en las instrucciones. No tiene, de momento, gran importancia. El motor aún funciona. Sin embargo, la deformación de esta tuerca tiene en este caso particular una curiosa consecuencia. Debido a que la tuerca no está sola flotando en el vacío, sino conectada a las demás piezas del motor, por su deformación particular, de alguna forma es capaz de transmitir esta deformación a las tuercas vecinas. Estas, a su vez, se deforman e inducen a otras a deformarse. Cuando un número suficiente de tuercas se ha deformado, el motor deja de funcionar. Un simple fallo en una sola tuerca ha generado una reacción en cadena conducente al fallo total del motor.

Algo similar ocurre con el agente que causa la enfermedad de las vacas locas. Una proteína, una pieza del motor celular, está deformada, debido a un fallo en las instrucciones para su fabricación, y esta deformación es capaz de causar la deformación de todas las piezas idénticas a ella, incluso si han sido anteriormente bien fabricadas. Una sola molécula deformada causa la deformación de las demás y la muerte celular. Las células que mueren liberan la proteína deformada al exterior y la dejan disponible para deformar las proteínas de las células vecinas, que acaban también muriendo. La proteína que, una vez deformada, es capaz de deformar a las vecinas y matar a las células se encuentra principalmente en el cerebro, y por ello es en ese órgano (actualmente casi ya sin importancia) donde se manifiesta la enfermedad. En los sitios donde hay células, al morir estas, acabará por haber agujeros, similares a los de una esponja. De ahí que se denomine a la enfermedad encefalopatía ("encéfalo" significa cabeza y "patía", enfermedad) espongiforme bovina.

A este tipo de proteínas que una vez deformadas son capaces de deformar a las demás de su clase, se les denomina priones. Y son infecciosos porque, aun sin ADN intermediario, también se reproducen. Pero ¿qué es lo que causa la primera deformación? Pues lo mismo que puede causar una deformación en cualquier proteína: un cambio, una mutación, en el gen que la produce. En este caso, una mutación aparecida por azar solo en un gen de una sola célula cerebral puede tener catastróficas consecuencias.

Lo extraordinario sucede cuando un animal, o usted, ingiere la proteína deformada procedente de un animal enfermo. El prión de las vacas locas es muy resistente a la digestión y pasa a la sangre sin ser destruido por los ácidos y encimas de nuestro estómago. Mucho menos es destruido por el estómago de un rumiante como la vaca, animal estrictamente herbívoro al que el ser humano ha obligado a comer carne en forma de harina para abaratar los costes. Aunque nuestros genes sean perfectos, el prión ingerido va a circular por nuestra sangre, llegar al cerebro y causar la deformación de nuestros priones sanos que serán así convertidos en infecciosos.

Pero ¿cuán infeccioso es el prión loco? No lo sabemos a ciencia cierta, pero parece que bastante. Sin embargo, no parece que sea tan infeccioso como el virus del SIDA, por ejemplo. Puesto que todos comemos carne, es probable que, en Europa, más personas han podido estar expuestas al prión que al virus del SIDA, ya que no todos nos drogamos por vía intravenosa o somos sexualmente promiscuos. Se han declarado 91 casos de enfermedad de las vacas locas en el ser humano, pero decenas de miles de casos de SIDA.

Aunque desconocemos la extensión definitiva de la epidemia, parece probable que sea mucho menor que la de SIDA, tenga menor impacto que los accidentes de tráfico e infinitamente menor que las enfermedades debidas al consumo del tabaco. Por esta razón, no coma usted ternera, es mala para su salud, pero continúe fumando y haciendo fumar a los que no tienen más remedio que compartir el espacio con usted. Sin duda, así no morirá usted del mal de las vacas locas, ni probablemente tampoco los que le rodean.

19 de diciembre de 2000

El Descubrimiento Del Siglo

AL ACABAR EL siglo, esta vez ya sin duda, y comenzar un nuevo milenio, es común reflexionar sobre cuáles han sido las aportaciones más importantes para la ciencia, y en consecuencia para la Humanidad, del siglo que acaba de abandonarnos.

Aun limitándonos a las ciencias biológicas, las dudas son numerosas. ¿Debemos otorgar, por sus descubrimientos, el título de hombre biomédico del siglo a Thomas Morgan, el estadounidense que comenzó a estudiar la genética de la mosca del vinagre y que tantos secretos ha permitido descubrir? ¿Será el título compartido por James Watson y Francis Crick, descubridores de la estructura en doble hélice del ADN? ¿Será para Alexander Fleming, descubridor de la penicilina que abrió las puertas a nuevos medicamentos? ¿Será para Frederick Sanger, inventor de métodos de secuenciación de proteínas y ADN, y cuyo invento ha permitido secuenciar el genoma de varias especies?

Abandonamos aquí el terreno objetivo de la ciencia y nos adentramos en el terreno subjetivo de la opinión sobre la importancia de las cosas. Estoy seguro de que mi opinión sobre cuál es el descubrimiento del siglo aparecerá como una sorpresa para muchos, porque no otorgo el premio a ninguno de los descubrimientos mencionados antes. Probablemente, no habrá oído nunca los nombres de sus descubridores. Y, sin embargo, fueron ellos quienes abrieron las puertas a la revolución genética, que si no ha sido la que más ha marcado con su impronta al siglo XX, sin duda será la que más marque al siglo XXI.

La ciencia también tiene sus héroes olvidados y los autores de lo que considero el descubrimiento más importante del siglo en Biología y Medicina son unos de ellos. Pero suspendamos el suspense ¿a qué descubrimiento me estoy refiriendo? Nada menos que al descubrimiento de que el ácido desoxirribonucleico, el ADN, es la molécula de la herencia, la portadora de la información genética.

Debemos tener presente que ningún descubrimiento es independiente de otro anterior, que lo impulsa y le da energía para que suceda, energía que es captada por hombres y mujeres extraordinarios que han hecho progresar a la Humanidad hasta la situación en la que se encuentra hoy. Algunas de esas personas han labrado peldaños muy importantes en la escalera del progreso y los protagonistas del descubrimiento al que me refiero son unos de ellos.

Desde que los trabajos del monje austriaco Gregorio Mendel establecieron la base de la herencia de los rasgos genéticos, se planteó la pregunta de qué constituyentes de los seres vivos eran los portadores de la información genética. Esta pregunta tardó casi un siglo en ser respondida.

Desde 1910, el equipo del estadounidense Thomas Morgan, familiarmente llamados los hombres de Harrelson de la mosca del vinagre, comienzan el estudio de la herencia en este animalillo y descubren que el material genético se encuentra en los cromosomas. Este descubrimiento ya fue un gran avance, porque entre las numerosas estructuras celulares posibles, se identificaron solo a los cromosomas como los portadores de la información de los caracteres genéticos.

Se determinó que los constituyentes principales de los cromosomas eran proteínas y ADN. Había ahora que averiguar cuál de los dos componentes era el portador de la información genética que hace que los padres se parezcan a los hijos. También se supo que las proteínas estaban formadas por el enlace de unas veinte moléculas simples diferentes, los aminoácidos, mientras que el ADN estaba formado por la unión de solo cuatro unidades moleculares diferentes, denominadas nucleótidos. La variedad de las proteínas parecía muy superior a la del ADN y, por esta razón, fueron consideradas las principales candidatas para ser las portadoras de la información genética.

En los años en los que se elucubraba sobre estas cosas, los años treinta y cuarenta del siglo pasado, no se disponía de la tecnología necesaria para extraer o manipular cromosomas de manera individual, y menos para determinar los caracteres genéticos que estos transportaban. Un actor insospechado vino a echar una mano a los investigadores y desempeñó un importante papel en el descubrimiento de que el ADN es el material genético. Se trata del *Diplococcus pneumoniae* que, aunque parece tener nombre de dinosaurio, es una bacteria que causa la neumonía.

Existen dos variedades de esta bacteria, una "buena" (que llamaremos B) y una "mala" (M). La "mala" es la que causa la enfermedad, mientras que la "buena" no es patogénica. Las variedades de las bacterias se podían distinguir por la forma cómo crecían. Las bacterias B formaban grupos de bacterias pequeños y redondos, mientras que las causantes de la enfermedad crecían formando grupos más grandes y arrugados.

En 1928, Fred Griffith (desconozco su parentesco con la mujer de Antonio Banderas) descubrió que las bacterias B podían convertirse en M. Era una especie de Dr. Jekill y Mr. Hyde bacteriano, pero en este caso irreversible porque las bacterias M no se convertían en B. La manera que Griffith descubrió esto fue la siguiente. Si inyectaba a ratones de laboratorio bacterias B vivas, los ratones no enfermaban, pero sí lo hacían si les inyectaba bacterias M. Si les inyectaba bacterias muertas, en ningún caso los ratones enfermaban. En un intento, quizá, de elaborar una vacuna eficaz contra la neumonía, Griffith inyectó a los ratones con una mezcla de la bacteria B viva y de la bacteria M muerta mediante aplicación de calor. Para su sorpresa, la mezcla no solo no vacunaba a los ratones sino que los mataba. Además, más sorprendentemente aun, las bacterias vivas extraídas de esos ratones eran ahora de la variedad M. Así pues, o bien las bacterias M muertas habían resucitado, o bien las bacterias B se habían transformado en M. Como la ciencia, en principio, excluye los milagros, la conclusión extraída por Griffith fue la segunda.

El cambio de B en M era permanente. Y no solo eso, sino que si ahora a esas bacterias M, provenientes de las B, se las mataba por calor y se las mezclaba de nuevo con bacterias B, bien inyectadas en un animal, o bien en un frasco de cultivo bacteriano, eran capaces de seguir transformando a las células B en M. Cualquiera que fuera la substancia transformante, era heredable.

Fue aquí cuando el equipo dirigido por Ostwal Avery, con Colin McLeod, y Maclyn McCarthy, tomó el relevo y se propuso averiguar la naturaleza de la sustancia transformante. Para conseguirlo, hicieron una "sopa" de bacterias M muertas por calor y separaron los componentes de esta sopa por métodos químicos. Cada fracción separada fue añadida a bacterias B y se analizó si la fracción era o no transformante. De este modo, y para sorpresa general, Avery, McLeod y McCarthy concluyeron que la substancia transformante era el ácido desoxirribonucleico, ADN. Estos resultados fueron publicados en 1944 y recibidos con cierto escepticismo por parte de la comunidad científica, que estaba convencida de que el principio transformante, es decir, el principio portador de la información genética, no podía ser otra cosa que una proteína. Hubo que esperar al año 1952 para que otros investigadores proporcionaran evidencia suficiente para callar la boca al más escéptico. Al año siguiente, 1953, Watson y Crick descubrieron la estructura en doble hélice del ADN. Desde esos años hasta hoy, parece que ha pasado mucho más de un siglo de progreso, progreso hecho posible por el trabajo de muchos investigadores tenaces, aun olvidados, como Ostwall Avery.

A pesar de la importancia de este descubrimiento, ni Avery ni sus colaboradores recibieron el premio Nobel, lo que es considerado por algunos, entre los que me incluyo, como uno de los más monumentales "olvidos" de la Academia Sueca. Hay quien ha analizado las razones de este olvido. Un factor que parece ser importante para explicarlo es la prudencia y discreción con la que Avery publicó sus resultados. La prudencia debe ser característica de toda empresa científica, pero en este caso pareció indicar a los insignes miembros de la Academia que Avery no era consciente de la importancia de su propio descubrimiento, lo cual es completamente falso. Esto debería servirnos de motivo de reflexión. Hoy se publican en la prensa a bombo y platillo descubrimientos mucho menos importantes que el de Avery, de los que, además, se divulga solo información parcial que no permite la comprensión del verdadero alcance de ese descubrimiento a casi nadie. Muchos deberíamos aprender de la prudencia y honestidad científica de Avery y otros tantos a leer entre las líneas de muchas de las espectaculares noticias de la ciencia, aunque algunas son, afortunadamente, ciertas.

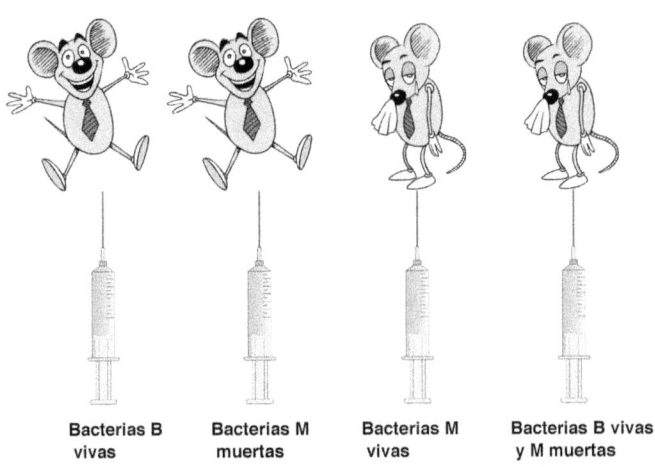

El experimento de Griffith demostró que una mezcla de bacterias patógenas muertas y bacterias vivas no patógenas era patogénica. Las bacterias no patógenas eran transformadas en patógenas por las muertas en el interior del animal. La búsqueda del principio transformante por el equipo de Avery demostró que dicho principio era el ADN. Hoy sabemos que era un solo gen de ese ADN el responsable de la transformación.

16 de enero de 2001

La Biología De La Creatividad

Si el desciframiento del genoma humano, con solo el doble de genes que el de una mosca, ha supuesto una mala sorpresa, o incluso un susto, para muchos, tenga la seguridad de que en este siglo que acaba de comenzar peores sorpresas aguardan aún a muchos otros. La ciencia que el ser humano ha desarrollado a lo largo de los siglos lo ha engrandecido, pero también lo ha humillado. Cuanto más grande se ha hecho la una, más pequeño frente al universo y el resto de los seres vivos se ha hecho el otro. ¿Llegará la ciencia a hacer desaparecer, es decir, a explicar, lo que creemos es específicamente y únicamente humano? Depende del punto de vista de cada cual. Se mire desde la ideología o creencia que cada uno prefiera, los seres humanos somos una especie diferente de las otras. También lo son la mosca o el chimpancé, claro, que poseen su "moscalidad" y "chimpancilidad" como nosotros poseemos nuestra humanidad. La pregunta, mejor planteada, sería entonces: ¿Podrá la ciencia explicar lo que hace a cada especie diferente de las demás?

En el caso del ser humano, muchos pueden sentirse seguros de que eso no llegará a llevarse a cabo nunca. Al fin y al cabo, para hacerlo, la ciencia tendría que explicar fenómenos como las emociones, la inteligencia, la fe, la creatividad.

Pero no estemos tan seguros. Hablando, en particular, de la creatividad, la ciencia también está estudiando este fenómeno, aparentemente exclusivamente humano, y pretende descubrir sus bases genéticas y biológicas. Tarea difícil... pero creativa.

Los genios que la Humanidad ha producido parecen tener ideas de repente, como surgidas de la nada. La resolución del problema que les preocupaba ha sido casi siempre repentina, en efecto, una genialidad. Si excluimos a las musas o a cualquier otro tipo de inspiración sobrenatural –lo que la ciencia tiene la obligación de hacer–, no queda sino concluir que algo fuera de lo normal sucede en los cerebros de los genios. Si, por el contrario, el cerebro de los genios en nada difiriera del cerebro del común de los mortales, tendríamos que concluir que la creatividad no depende de la actividad cerebral.

Las nuevas tecnologías de las que dispone hoy la ciencia, como la tomografía por emisión de positrones –de las que ya he hablado en otra ocasión– permiten hoy "ver" el funcionamiento del cerebro cuando este se enfrenta a la resolución de un problema. Genios hay pocos, pero hay, y algunos incluso se dejan estudiar por los científicos (uno duda entonces de que sean tan geniales como dicen, pero quizás no sea inteligencia lo que les falte sino que les sobre ingenuidad). Es el caso de Rüdiger Gamm, un calculador prodigio de nacionalidad alemana. Este joven de 29 años es, por ejemplo, capaz de dividir dos números primos entre sí (aquellos que solo son divisibles por ellos mismos y por la unidad) y dar el resultado correcto hasta la sexagésima cifra decimal en menos de dos segundos. Estarán de acuerdo conmigo en que cálculos de esa complejidad y rapidez no son comunes en ministros de economía, ni siquiera alemanes, razón por la que Rüdiger no es ministro.

Y esto es una suerte, porque si lo fuera, por razones obvias, nunca hubiera dejado que estudiaran su cerebro y lo compararán con el de seis personas normales intentando realizar los mismos cálculos. Del resultado de estos estudios han surgido conclusiones muy interesantes. Como ya he mencionado antes, la tomografía por emisión de positrones permite analizar qué regiones del cerebro se ponen en funcionamiento cuando este órgano se enfrenta a un problema determinado. Con el uso de este instrumento, se ha puesto de manifiesto que, además de las regiones normalmente activadas en los sujetos normales al realizar los cálculos, el cerebro de Rüdiger pone en funcionamiento otras regiones, implicadas en la memoria de larga duración. Según estos datos, parece que los sujetos normales no pueden hacer uso de esas regiones cerebrales, mientras que Rüdiger puede utilizar la memoria de larga duración y acceder a la gran cantidad de datos allí almacenados, muchos de los cuales tienen que ver con la relación personal que Rüdiger ha establecido con los números. Como Rüdiger ha pasado mucho tiempo en el mundo de las cifras, ha terminado por desarrollar una afectividad por ellas que está relacionada con sus portentosas facultades de cálculo. Los números, para Rüdiger, se han convertido en experiencias afectivas, guardadas en su memoria, quizás como los demás guardamos el recuerdo de un ser querido.

Albert Einstein enseñando lo que las anomalías de su cerebro le permitieron descubrir para el resto de la Humanidad.

Pero hacer cálculos muy complicados no es creatividad, se dirá usted, y está en lo cierto. Sin embargo, lo que estos trabajos nos sugieren es que, en otras actividades relacionadas con la resolución de problemas que requieran creatividad, es posible que el cerebro de los genios difiera del cerebro del común de los mortales. Estudios realizados por el grupo de Marian Diamond, de la Universidad de Berkeley en California, con los restos del cerebro de Albert Einstein, conservado en formol desde su muerte, parecen confirmar esta hipótesis. El cerebro de Einstein contenía un número muy superior de un tipo especial de células cerebrales, las llamadas células gliales, en el área denominada giro angular, situada en el lóbulo parietal inferior, que estudios recientes han confirmado está muy involucrada en la manipulación de cantidades numéricas. En otro estudio, publicado en 1999, Sandra Witelson, de la Universidad McMaster en Ontario, Canadá, parece haber encontrado una anomalía en la región parietal del cerebro del célebre sabio, cuyos lóbulos serían mayores de lo normal y sus surcos cerebrales muy diferentes de los normales.

¿En qué medida estas diferencias se deben a los genes y cuánto al entorno, educación adecuada, familia...? El desciframiento del genoma podrá quizá un día responder a esta pregunta. Sin duda, es ya posible realizar estudios genéticos con el genoma de Rüdiger y compararlo con el de personas normales. Quizá así podríamos identificar genes que tengan que ver con sus portentosas facultades de cálculo. De la misma manera, es posible que el genoma del mismo Einstein pueda ser ahora estudiado y si posee genes responsables de las anomalías cerebrales relacionadas con su genialidad, estos puedan ser identificados.

Estas cuestiones abren la ventana a temas con los que tendremos que enfrentarnos en el futuro. Mucha gente querría tener a un genio como hijo o como hija. Si sabemos un día cómo hacerlo, ¿podremos impedir que quien pueda pagarlo así lo haga? Es más, ¿será ético impedirlo? ¿Será ético no impedirlo?

Mientras algunas personas, geniales o no, y más o menos creativas, se devanan los sesos para dar respuesta a estas y otras preguntas, en Estados Unidos y Europa proliferan los bancos de esperma de premios Nobel, atletas de élite, artistas reconocidos... El esperma de estos "genios" que supuestamente posee genes "geniales" se pone a disposición de mujeres que puedan pagar por la probabilidad, quizá más elevada, de tener un hijo prodigio mediante la fecundación *in vitro*. Ya han nacido centenas de niños mediante este procedimiento, sin que nadie haya podido aún hacer un balance definitivo del éxito de esta operación. Tengamos en cuenta que también deben contar algo los genes de las madres, de las que no se sabe si su inteligencia es normal (el hecho de querer fecundarse *in vitro* con esperma de esos individuos por lo menos lo pone en duda).

Muchas y fascinantes aventuras biotecnológicas y éticas nos aguardan en el futuro inmediato. De algunas de ellas hablaremos aquí en otras ocasiones.

Esperemos que la especie humana, aun engrandecida y también empequeñecida cada día más por el desarrollo de la ciencia que ella misma hace crecer, goce de una mentalidad abierta y de la suficiente creatividad para aceptarlas y hacerles frente.

27 de febrero de 2001

Biotecnología Contra La Mentira

Si hay algo con lo que tenemos que tratar cada día durante nuestra vida es con la mentira. La capacidad de mentir podría ser innata en nuestra especie. Niños de muy temprana edad aprenden por sí mismos a engañar a sus padres y, si lo consiguen, disfrutan enormemente con ello. Estudios psicológicos indican que los mejores mentirosos parecen poseer cierta ventaja para convertirse en líderes y políticos. No hay duda: la mentira nos rodea, y forma parte de nuestro entramado social. Puede ser incluso necesaria para que la sociedad funcione adecuadamente.

La capacidad para mentir podría poseer una base genética. Al fin y al cabo, no solo el ser humano es capaz de mentir. Los animales también lo hacen. Desde que el primer mamífero "aprendió" a erizar sus pelos para parecer mayor frente a un enemigo, o el macho "aprendió" a encandilar a la hembra con sus bonitas plumas, colores, u otras artimañas, la mentira adquirió un valor de supervivencia y, por consiguiente, los mejores mentirosos fueron seleccionados durante la evolución de las especies.

Como todo avance evolutivo, la mentira sufrió también un proceso de contraataque durante la evolución. Este proceso se evidencia fácilmente en la relación predador-presa. El predador atrapa a las presas menos rápidas, por lo que ejerce una selección sobre las más rápidas, que sobrevivirán. De no evolucionar a su vez, pronto el predador correrá menos que sus presas y morirá de hambre. Por tanto, los predadores más rápidos cazan mejor y sobreviven y se reproducen en mayor número que los más lentos. En todo proceso evolutivo sucede, pues, un proceso similar a la carrera de armamentos. En el caso de la mentira, los animales más capaces de descubrir que les estaban mintiendo eran también los que mejor podrían sobrevivir a los abusos de los mentirosos. A pocos nos quedan dudas de que si en nuestra vida social pudiéramos siempre descubrir cuándo nos están mintiendo o diciendo la verdad tendríamos una considerable ventaja frente a los demás. "¿Me quieres cariño? Como nunca he querido a nadie, amor mío (Miente. Quería más a su primer y quinto novios –piensa el duodécimo novio. ¿Debo seguir con ella o no?).

El novelista estadounidense James L. Halperin, en su obra *"The Truth Machine"* (La Máquina de la Verdad, la cual no sé si está traducida al español) describe un mundo futuro en el que se ha inventado una máquina capaz de detectar las mentiras con una fiabilidad absoluta. Este avance tecnológico modifica la sociedad de forma radical. Para empezar, conduce al paro a todos los abogados, jueces y demás profesionales de la justicia, necesarios solo cuando la mentira es posible. La criminalidad disminuye de forma radical, los políticos deben ser gente honesta, en fin, el mundo se pone cabeza abajo.

¿Es posible semejante máquina? Mucho me temo que la respuesta a esta pregunta es afirmativa. Si muchos están horrorizados por el poder de la genómica y los cambios sociales y problemas éticos que plantea, los problemas que la tecnología del escrutinio mental, todavía en pañales, planteará serán aun mayores. Y es que la Humanidad dispone ya de tecnología capaz de leer el pensamiento, aunque por el momento no sea más que de forma rudimentaria.

Más o menos, todos estamos familiarizados con las máquinas y el suero de la verdad. Las hemos visto en películas de espías. El famoso polígrafo, la primera máquina de la verdad, que registra una serie de parámetros fisiológicos, como la presión sanguínea, sudoración, respiración, etc. que pueden modificarse cuando un individuo miente, tiene ya más de 80 años. Les juro que no miento. Esta máquina, y sucesivos perfeccionamientos de la misma, es aún utilizada por la policía y por agencias gubernamentales, como

CIA o FBI, que deben contratar a individuos "fiables". Sin embargo, se puede engañar a esta máquina y a quien la maneja con una frecuencia relativamente elevada.

Han aparecido nuevas tecnologías para detectar la mentira. Algunas de ellas están basadas en el análisis del lenguaje corporal, que puede traicionar al mentiroso o en el análisis de la voz. Se ha descubierto que al mentir, el aumento de estrés produce unas vibraciones de las cuerdas vocales inaudibles para el ser humano, pero que pueden ser fácilmente detectadas por una máquina. La presencia de estas vibraciones es indicativa de que el individuo posiblemente miente.

Basado en este hecho fisiológico, un programa de ordenador, *Truster*, que cualquiera puede comprar por el módico precio de unas 35.000 pesetas, realiza un sofisticado análisis de la frecuencia vocal del sujeto y decide si miente o no. Este programa fue utilizado para analizar el último debate presidencial entre George W. Bush y Al Gore. El programa detectó 23 posibles mentiras por parte de Gore y 57 por parte de Bush. Ya sabemos quién ganó. Este programa, sin embargo, dista mucho de ser infalible. El presidente saliente, Bill Clinton, logró engañarle cuando declaró que no había tenido relaciones sexuales con Monica Lewinsky.

Todas estas tecnologías quedarán obsoletas rápidamente frente a lo que se avecina. El avance en el campo de las ciencias cognitivas, cuyo propósito ha sido puramente científico y médico, ha puesto, sin embargo, a disposición de los interesados máquinas muy sofisticadas que permiten observar el cerebro en funcionamiento. De una de esas máquinas ya hablé hace unos meses en esta sección en mi artículo titulado "de ruidos en la mente a la imagen del recuerdo". Por lo que sé, existen cuatro tecnologías diferentes capaces de hurgar en nuestro cerebro sin tocarlo. Descubrimientos recientes sobre las zonas cerebrales que se ponen en funcionamiento al experimentar emociones, como alegría, ira, o incluso amor u odio, permiten un estudio mucho más profundo de las emociones que experimenta el cerebro del posible mentiroso. Si la tecnología sigue avanzando de la manera en que lo hace, es posible que las predicciones del señor Halperin sean sobrepasadas y dentro de solo unas décadas, una compañía comercialice una máquina de la verdad, de bolsillo y a pilas, con la que, sin siquiera tocar a nuestro interlocutor, podamos analizar en tiempo real si nos está mintiendo o no. Adiós a los debates electorales para siempre. Sin duda, el mundo no será el mismo.

19 de junio de 2001

El Sabor Del Tacto, El Tacto Del Sonido, El Sonido Del Color

Estoy casi seguro de que muy pocos lectores de mis artículos –si hay alguno– se han preguntado por qué vemos los colores de la manera en que los vemos, oímos los sonidos de la manera en que los oímos y sentimos el tacto de la piel de nuestro gato de la manera en que la sentimos. ¿Por qué no vemos al tocar, oímos al ver, o sentimos al oír?

¿Se me habrán cruzado los cables?, se preguntará usted. Desgraciadamente para algunos, aún no. Al menos, aún no del todo. Y es que de lo que quiero hablarle hoy es de una curiosa condición que sufren algunos miembros de nuestra especie. Esta condición, que no enfermedad, recibe el nombre de sinestesia y consiste, precisamente, en una mezcla de los sentidos, o mejor dicho, de las sensaciones que resultan de los impulsos nerviosos que por ellos nos llegan al cerebro. Estos sujetos pueden ver el color de un sonido, o sentir el tacto de la música. A ellos sí parecen habérseles cruzado los cables.

Cuando venimos al mundo, nuestro cerebro está ya predeterminado a percibirlo de una determinada manera. Nadie enseña a un niño a percibir los colores, o los sonidos, por ejemplo, sino a nombrarlos. La cualidad de las sensaciones que experimentamos está determinada desde el nacimiento, quizás incluso mucho antes, y posiblemente por los genes. Los colores, la luz, el tacto, los sonidos, nos producen sensaciones bien definidas a la mayoría de nosotros, y una persona normal pensaría de otra que está loca si confundiera el color rojo con la nota musical La, por poner un ejemplo algo burdo.

Pero ¿por qué los colores, los olores, los sabores tienen la cualidad sensorial que poseen? ¿Podríamos quizá haber sido "creados" de otra forma y percibir los colores como percibimos los sonidos, y viceversa? No sé si se conoce la respuesta a esta pregunta. Confieso que una de mis manías es plantearme preguntas para las que no tengo respuesta, al menos no una respuesta firme. Sin embargo, eso no quiere decir que no haya elaborado una hipótesis razonable para explicarla, y, como casi todo en Biología, la hipótesis se nutre de la evolución de las especies.

El sistema nervioso fue un gran "invento" de la evolución que permitió a los animales interaccionar con el entorno y responder rápidamente ante las variables a las que éste le enfrentaba. El entorno, sin embargo, es una fuente inagotable de información, que puede anegar e inutilizar a cualquier sistema nervioso que no la filtre y la procese de una manera eficaz. Y en términos evolutivos la eficacia se mide en valor de supervivencia. Aquellos animales que fueran capaces de procesar y clasificar de una manera más ventajosa para sus genes la información o, dicho de otra forma, aquellos genes que capacitaran al sistema nervioso de los animales a procesar y clasificar la información del entorno de una manera que mejorara su supervivencia serían seleccionados.

De esta manera, se fueron desarrollando sistemas de percepción de las señales del entorno: los sentidos. Cada sentido se desarrolló para procesar un tipo de información que el entorno enviaba al animal. Información física, como la lumínica, la sonora o la térmica, y química: ¿es esto comestible, es venenoso? La manera en que se desarrolló cada sentido tuvo que ser relevante para la supervivencia en un nicho ecológico, terrestre o marino, determinado y tuvo que ser la manera más eficaz posible para procesar el tipo de información de que se tratara. Y, por supuesto, cada individuo, nada más nacer, es decir, nada más enfrentarse al entorno por primera vez, debía ser ya capaz de comenzar a procesar la información que este le enviara lo más eficazmente posible, aunque el aprendizaje y la experiencia posteriores fueran mejorando más tarde la eficacia de este procesamiento informativo.

Así, el sistema nervioso fue desarrollando subsistemas para procesar los distintos tipos de información procedentes del entorno. Aunque no puedo afirmarlo tajantemente, mantengo la hipótesis razonable de que la forma en que hoy percibimos el mundo, la cualidad de las sensaciones que experimentamos, se ha ido perfilando durante miles de millones de años de evolución y ha acabado siendo la que es porque es la más eficaz para nuestra supervivencia. Es decir, el color rojo, o el azul, lo percibimos como tal porque es la manera seleccionada durante la evolución y que ha permitido a nuestros ancestros sobrevivir mejor. Esta selección se refleja en una estructura determinada, en la manera particular de conectarse y comunicarse entre sí de las neuronas componentes de la parte del sistema nervioso encargado de procesar la información lumínica. Es la forma en que las neuronas se interconectan y se comunican entre sí la que se encuentra en relación directa con la cualidad de las sensaciones. Esta particular organización neuronal, propia y diferente para los sistemas que procesan información de diferentes sentidos, está determinada en gran medida por los genes.

Como el lector avisado habrá podido ya deducir, si hay algo que dependa de los genes, tendremos problemas genéticos que impidan el correcto funcionamiento del sistema biológico bajo su control. Esto es lo que se cree que sucede en el caso de la sinestesia. En los individuos sinestetas, la organización de los subsistemas que procesan información de los diferentes sentidos es tal que estos sistemas no son independientes unos de otros. Esto causa que la información recibida por el sistema visual sea a veces reconocida como información sonora, o viceversa. Los genes responsables de este fenómeno y, por ende, de organizar bien el sistema nervioso para recibir correctamente las sensaciones no se conocen, aunque por los estudios realizados hasta el momento, se cree que algunos deben estar localizados en el cromosoma X.

En cualquier caso, parece que nuestro cerebro de alguna manera ha aprendido a codificar la parte de la realidad que nos rodea y que ha sido más importante para nuestra supervivencia. Sabemos poco de ese código, pero no me cabe duda de que no acabará este siglo sin que sepamos mucho, mucho más, aunque seguramente sea poco lo que la Humanidad aprenda por la contribución de la ciencia española.

3 de julio de 2001

El Tercer Ojo

Hace unas semanas hablaba en estas páginas del fenómeno de la sinestesia, o mezcla de los sentidos, anormalidad que permite a algunos oler los colores o dar sabor al tacto. No se conoce la causa de este fenómeno, aunque sin duda tiene que ver con factores que regulan la organización neuronal de nuestros cerebros. Esta organización neuronal, la manera en que las neuronas conectan y se comunican unas con otras, si bien está determinada en cierta medida, es muy plástica y versátil, lo cual posibilita que en ocasiones unos sentidos se mezclen con otros.

La plasticidad neuronal permite readquirir, hasta cierto punto, facultades perdidas después de un accidente que ha involucrado a determinadas regiones cerebrales. Las conexiones neuronales son capaces de soportar ciertos daños sin perder por ello su funcionalidad pero, al mismo tiempo, las neuronas son capaces de formar conexiones nuevas para reemplazar las conexiones perdidas.

La plasticidad neuronal es bien conocida por los científicos, quienes pretenden utilizarla y reorientarla con la ayuda adecuada para que funcione de maneras hasta ahora insospechadas. Ha sido el conocimiento de la versatilidad de las conexiones neuronales lo que ha permitido llevar a la práctica la idea de utilizar la lengua para ayudar a ver a ciegos de nacimiento. Investigadores de la universidad de Wisconsin Madison, en los Estados Unidos, han desarrollado un sistema que traduce las imágenes captadas por una cámara a una serie de pulsos eléctricos que estimulan los receptores del tacto en la lengua. Los individuos ciegos que han tenido el privilegio de probar este mecanismo dicen que pronto pierden la sensación de que reciben una estimulación burbujeante en la lengua, según su propia descripción, y comienzan a percibir las estimulaciones eléctricas como formas en el espacio. La lengua se convierte así en un tercer ojo de recambio.

¿Cómo puede producirse esta extraña transformación lengua-ojo? La respuesta puede comprenderse cuando nos damos cuenta de que no vemos con los ojos, sino con el cerebro. Los ojos no hacen sino transformar la luz que reciben en una serie de impulsos nerviosos que el cerebro interpreta como luz, colores y formas. Los impulsos nerviosos ópticos son de la misma clase que los impulsos nerviosos generados por otros sentidos, y que el cerebro interpreta de la manera correspondiente. La plasticidad y capacidad de reorganización neuronales posibilita que las neuronas que reciben los impulsos de la lengua aprendan a interpretar las señales eléctricas cambiantes generadas por la cámara y mecanismo electrónico como objetos y formas que se mueven en el espacio. Esto, en sí mismo, constituye una prueba más de que la versatilidad neuronal es en verdad espectacular y abre la puerta a la construcción de mecanismos capaces de restablecer, además de la visión, también la audición o el sentido del equilibrio, y esto utilizando no solo el tacto, como en el caso de la lengua, sino reeducando también otros sentidos para que adquieran la función del sentido perdido.

La investigación en este campo, aunque comenzó hace ya unas décadas, tiene aún mucho camino que recorrer. Inicialmente, para hacer llegar las señales eléctricas se utilizaron electrodos en contacto con la piel de la espalda u otras partes del cuerpo. La entrada en escena de la lengua ha sido reciente, a pesar de las ventajas que la lengua posee sobre la piel, como su mayor conductividad eléctrica, debido a la humedad en que siempre está envuelta, y su mayor densidad de receptores de tacto, que aumentan la capacidad de resolución de las señales eléctricas aplicadas sobre su superficie. Actualmente, el sistema que usan los investigadores de Wisconsin consiste en una cámara del tamaño de una baraja conectada a un instrumento de control de la talla de un tostador eléctrico. De este controlador sale un cable que acaba en una placa que, a modo de una piruleta gigantesca, contiene ciento cuarenta y cuatro electrodos ordenados en un cuadrado de doce electrodos de lado.

Este aparato, evidentemente, no es fácil de transportar, sin mencionar que impediría hablar y ver al mismo tiempo. Pero, gracias a la miniaturización, podría reducirse significativamente de tamaño. La cámara podría acoplarse a la montura de unas gafas y las señales podrían enviarse por ondas electromagnéticas a un controlador introducido en una muela que las transformaría en pulsos eléctricos y los enviaría a varios cientos de pequeños electrodos implantados en la parte lateral de la lengua próxima a la muela. El ciego podría así ver y hablar simultáneamente.

Desgraciadamente, todo desarrollo científico y tecnológico puede emplearse para bien o para mal, y no son los científicos, sino los políticos, los que deciden financiar más o menos uno u otro uso. En este, como en otros casos, los políticos han demostrado un interés por la estimulación cruzada de los sentidos principalmente por su uso militar y no por su uso civil, y civilizado. Recuerdo que cuando niño me fascinaba el cómic que narraba las hazañas del superhéroe Dan Defensor, un ciego que compensaba con creces la ausencia de visión gracias al híper desarrollo del resto de sus sentidos. Y bien, el Ministerio de Defensa estadounidense pretende convertir a sus soldados en Dan Defensores y ha financiado ya investigaciones encaminadas a desarrollar una especie de sonar para ayudar a los marines a orientarse en completa oscuridad. Los sistemas desarrollados para ayudar a ver a los ciegos pueden ser pues de utilidad bélica. Los soldados podrían ser entrenados para "ver" a través de sus lenguas, –o quizás a través de otras protuberancias más sensibles de su cuerpo, de escasa utilidad en el ejército– las señales enviadas por cámaras infrarrojas u otros aparatos e identificar así las posiciones de tropas o tanques enemigos. Esto es aún ciencia o, mejor dicho, tecnología–ficción, pero, como alguien dijo una vez, y traduzco literalmente del inglés, "algunas cosas que antes eran ciencia-ficción hoy realmente son". Y si no son hoy, sin duda serán mañana.

9 de septiembre de 2001

Nanobióticos

El primero de mis artículos en esta sección, hace ya más de año y medio, trataba del tema de la resistencia que las bacterias están desarrollando frente a los antibióticos. En dicho artículo hablaba de que la diversidad genética de las bacterias es causa de que no todas las bacterias de una población sean igualmente sensibles a un antibiótico. De esta manera, el tratamiento con antibióticos elimina primero a las más sensibles y puede dejar vivas a las más resistentes.

Las bacterias que poseen modificaciones genéticas que las hacen más resistentes, evidentemente, se reproducen mejor que las que no las poseen y, de esta manera, esas variantes genéticas se expanden por las poblaciones de bacterias por lo que, con el tiempo, acaban por convertirse todas en resistentes. Se conocen así bacterias resistentes a más de dieciocho antibióticos diferentes. Si tenemos la mala suerte de ser infectados por una de ellas, solo nuestro sistema inmune podrá salvarnos, en caso de que funcione adecuadamente.

Cuando hablaba de estos temas, dos estrategias se estaban explorando para intentar minimizar el problema de la resistencia. Puesto que en muchas ocasiones las bacterias resistentes ponen en marcha genes que modifican a la estructura química de los antibióticos para inactivarlos, una de las estrategias consistía en elaborar un antibiótico con flexibilidad, es decir, que una vez modificado por la bacteria tuviera la capacidad de volver a su estructura original y bactericida.

Otra de las estrategias poseía una componente ecológica. Esta estrategia intentaba minimizar la cantidad de antibiótico vertido al agua de ríos, lagos y mares, procedente de nuestra orina, por donde se suelen eliminar los antibióticos que nos tomamos. Así, la cantidad de antibiótico va creciendo poco a poco en el planeta, lo que favorece el desarrollo de bacterias resistentes. Para evitar esto, se estaban desarrollando antibióticos sensibles a la luz que cuando abandonan nuestro cuerpo y son iluminados por la luz del sol, se destruyen.

Muy recientemente, una nueva estrategia para vencer la resistencia bacteriana a los antibióticos ha sido desarrollada por un equipo de investigadores del Instituto de Investigación Scripps, localizado en La Jolla, California. Dicha estrategia se basa en la elaboración de nuevos antibióticos con la capacidad de matar a prácticamente todas la bacterias, sintetizados a partir de bloques, de unidades diferentes, que pueden combinarse de diversas maneras. Se pueden formar así miles de antibióticos diferentes para los que las bacterias tardarán en desarrollar resistencia.

¿Qué estructura química puede poseer estas propiedades antibacterianas, casi mágicas? Hoy en día no hay nada más mágico que la racionalidad de la ciencia, ayudada por la imaginación y la creatividad de la mente preparada de los científicos. El grupo de científicos del Instituto Scripps se ha basado en los conocimientos adquiridos hasta la fecha sobre la vida y estructura de las bacterias para crear moléculas con forma de tubos –denominadas nanotubos, y por razones evidentes, nanobióticos– que son capaces de eliminarlas con alta eficacia evitando, al mismo tiempo, que las bacterias desarrollen resistencia.

El principio de funcionamiento de estos nanotubos antibióticos es muy sencillo. Todas las bacterias, como todas las células, necesitan aislarse del medio exterior. Las bacterias son cápsulas que contienen sus genes y sus proteínas en una solución más concentrada que el medio externo. Si la bacteria no pusiera remedio, por el fenómeno de la ósmosis, que tiende a diluir a todo por igual, el agua entraría para diluir a las substancias internas, hinchando la bacteria hasta hacerla explotar, matándola. Por esa razón, las bacterias han desarrollado estructuras que funcionan como verdaderas paredes moleculares e impiden la entrada de agua. La bacteria propiamente dicha está encapsulada dentro de esas paredes.

Sabiendo este pequeño detalle, es evidente concluir que si fuéramos capaces de perforar esa pared seríamos capaces de matar a las bacterias haciéndolas explotar por la entrada de agua que tendría lugar. Al igual que cuando queremos colgar un cuadro en nuestro salón, para perforar una pared bacteriana también hay que hacerle un agujero. En este caso, claro está, no podemos usar una broca, o un clavo, sino algún tipo de molécula que sea capaz de realizar la tarea.

La idea de los investigadores del Instituto Scripps ha sido la de construir tubos mediante el ensamblaje de anillos moleculares. Estos científicos han creado anillos formados por la unión de ocho aminoácidos, las mismas moléculas que forman las proteínas. Sin embargo, para que estos anillos formen los tubos deseados, los científicos han tenido que sintetizar aminoácidos que no existen en la naturaleza. Se trata de aminoácidos cuya estructura molecular es idéntica a la que poseería el reflejo en un espejo de los aminoácidos que forman nuestras proteínas. Todos los aminoácidos naturales son asimétricos de la misma manera que nuestra mano derecha lo es de la mano izquierda, las cuales son la imagen especular una de la otra. Y bien, intercalando aminoácidos de estos dos tipos, los científicos han sido capaces de producir anillos que se ensamblan unos con otros formando tubos. La elección de la naturaleza química de los aminoácidos produce tubos capaces de insertarse en la pared bacteriana y causar la formación de agujeros que ponen en contacto el medio exterior con el medio interno de la bacteria, dejando entrar agua que acabará matando a la bacteria. Así pues, al atacar a una estructura, la pared bacteriana, vital para todas las bacterias, estos antibióticos tienen un amplísimo espectro de acción.

Dado que existen más de veinte aminoácidos naturales, entre estos y sus imágenes especulares tenemos más de cuarenta para poder combinarlos formando anillos diferentes. Estos anillos formarán tubos con anillos idénticos o no, dando así una gran diversidad de nanotubos diferentes. A las bacterias les resultará muy difícil neutralizarlos a todos, aunque su estructura general sea la misma. Esta combinación de aminoácidos solo estará limitada por el hecho de que algunas combinaciones puedan perforar también nuestras propias células. La elección adecuada de los aminoácidos debe ser la que cause que los nanobióticos se inserten exclusivamente en las paredes bacterianas, pero no en las paredes de nuestras células.

La síntesis de estos nanobióticos es muy sencilla y pueden producirse en grandes cantidades a bajo coste. Si los ensayos clínicos con pacientes que se van a llevar a cabo dan los resultados esperados, en unos años es posible que dispongamos de antibióticos baratos y eficaces para luchar casi contra cualquier infección minimizando el desarrollo de cepas bacterianas resistentes. Afortunadamente, a pesar de las últimas tragedias, no todo en el mundo parece ir mal. España y la lucha antibacteriana van bien.

25 de septiembre de 2001

Marihuana y Salud

Conflictos entre la moral vigente y el empleo de los avances de la ciencia con fines terapéuticos no surgen solo con el tema de la clonación humana. El debate sobre el empleo médico de *Cannabis sativa indica,* como se llama en la jerga científica la planta de la que se extrae la marihuana y el hachís, está haciendo correr ríos de tinta, de los que este artículo no supone sino una gota.

Para algunos, sustancia de alto riesgo; para otros, droga suave, o fármaco terapéutico, el debate sobre el empleo de la Marihuana parece girar más en torno a pasiones e ideologías que en torno a las evidencias científicas acumuladas para apoyar una u otra posición. Sin embargo, sin información objetiva es imposible que los ciudadanos comprendamos la realidad que nos rodea.

Por desgracia, los prejuicios sociales y políticos desarrollados en torno a ciertos temas frenan la necesaria investigación científica para obtener los datos imprescindibles que permitan responder a las preguntas sin cuya respuesta es imposible tomar decisiones informadas. Mientras existen miles de estudios sobre el efecto de, por ejemplo, la morfina, no es este el caso de la investigación sobre los principios activos de la planta *Cannabis*. A pesar de esto, estudios recientes acumulan evidencia de que el uso controlado de la *Cannabis* con fines terapéuticos podría resultar en muchos más beneficios que perjuicios.

La investigación científica, hace ya años, descubrió que los principios activos de la *Cannabis* correspondían a una familia de compuestos a los que se denominó, en buena lógica, cannabinoides. La principal molécula activa de esta familia, identificada allá por 1964, fue el delta9-tetrahidrocanabinol (THC). Hubo que esperar hasta 1990 para que se identificara el receptor, es decir, la molécula presente en la superficie de las neuronas, a las que el THC se une y cuya actividad modifica. Este receptor se denominó CB1 (supongo que corresponde a la abreviatura de cannabinoide uno) y su activación por la unión de THC produce una cascada de reacciones bioquímicas que acaban por modificar la conducta de las neuronas.

Además del cerebro, otros órganos, como el corazón, el útero, los ovarios, los testículos y el bazo, poseen receptores CB1, con lo cual el efecto de esta droga no se limita solo al cerebro. Por si esto no fuera suficientemente complejo, hace muy poco se ha descubierto la existencia de un segundo tipo de receptor, llamado CB2. Este receptor se encuentra en la superficie de los glóbulos blancos, células responsables de la respuesta inmune, por lo que se supone que los cannabinoides ejercen también un efecto en esta respuesta.

Tras la inhalación de cannabinoides, pueden producirse diversas respuestas fisiológicas, que incluyen sensación de sed, estimulación del apetito, problemas de coordinación motora y aceleración del ritmo cardiaco. Además, el sujeto puede sentirse relajado, dulcemente eufórico, o percibir, o creer que percibe, la realidad más intensamente. Por otro lado, también se producen fallos de memoria y de la atención, una distorsión en la percepción del tiempo y, a veces, crisis de angustia. La intensidad de estas respuestas depende, como es normal, de la dosis y del individuo que la recibe, puesto que los genes que cada individuo posee también influyen. Sin embargo, estos efectos no constituyen de por sí prueba de toxicidad o de malignidad de la substancia. Como en el caso del tabaco, los efectos tóxicos del consumo de *Cannabis* se deben al humo inhalado y son los mismos que se producen, en efecto, al fumar cigarrillos. Los cannabinoides, por otra parte, producen una dependencia relativamente débil cuando se los compara con la heroína, el alcohol o la nicotina, pero la dependencia producida obliga a que, para obtener los mismos efectos, poco a poco haya que aumentar la dosis. En cualquier caso, parece que la dependencia aguda no se produce sino en raros casos y, aun así, los efectos de privación son poco graves.

La pregunta que algunos pueden hacerse es cómo es posible que nuestras neuronas posean receptores que se unan a sustancias externas y que, además, al hacerlo se produzcan algunos resultados indeseables. La respuesta a esta pregunta es que los receptores neuronales de los cannabinoides existen porque reaccionan con sustancias, con neurotransmisores, producidas por nuestro propio cuerpo. La similitud de estructura química entre los cannabinoides y esas sustancias es lo que posibilita que aquellos se unan a receptores que, en principio, no les estaban destinados. Se conocen dos sustancias de este tipo: la anandamida y el 2-araquidonilglicerol (2AG) y su interés radica en que son los únicos neurotransmisores que pertenecen a la familia de los lípidos, y no a la de los péptidos (proteínas), como los demás, lo que les confiere propiedades que permiten una modulación fina de la actividad nerviosa.

Dado su amplio espectro de acción, los cannabinoides poseen múltiples virtudes terapéuticas, algunas conocidas desde la antigüedad. Pero esto no es suficiente para convertir a los cannabinoides en medicamentos. Para ello, es necesario demostrar que los efectos beneficiosos son superiores a los de otros tratamientos existentes, y también que estos efectos beneficiosos son superiores a los efectos perniciosos que la sustancia pueda causar.

En cualquier caso, la insuficiente investigación realizada hasta el momento indica de todos modos que los cannabinoides pueden ayudar en el tratamiento de varias enfermedades, entre las que se encuentran el glaucoma y la terrible esclerosis múltiple. Recientemente, un equipo español ha acumulado datos, presentados en el último congreso de la Sociedad Española de Bioquímica, que tuvo lugar el pasado septiembre en Valencia, que indican que, en ratas, los cannabinoides son eficaces en el tratamiento del glioma multiforme, un tumor cerebral extremadamente maligno.

En el último número de la prestigiosa revista *Nature*, un grupo de investigadores israelíes, ha publicado que el 2AG, uno de los cannabinoides producidos por nuestro propio cuerpo, tiene efectos muy beneficiosos, aunque de corta duración, que ayudan a la recuperación de ratones sujetos a trauma neurológico experimental. La inyección de 2AG en esos animales mejoró dramáticamente su estado, aunque este efecto solo duró un día.

Subsecuentes investigaciones y ensayos clínicos son necesarios para demostrar los efectos benéficos de los cannabinoides. Esperemos que los prejuicios existentes no las paralicen ni estrangulen su financiación, ni que hagan necesario acumular más datos para demostrar sus efectos benéficos que los requeridos para cualquier otro potencial medicamento bajo estudio. Podríamos perdernos, si no, una buena herramienta terapéutica.

9 de octubre de 2001

La Puerta De La Contracepción Masculina

Mientras ciertas recientes iniciativas proponen la igualdad entre hombres y mujeres en el plano de la política, igualdad que, de producirse un día, pacificaría el mundo de forma considerable, un aspecto en el que hombres y mujeres distan de ser iguales es el de la contracepción.

Mientras las mujeres disponen de un número considerable de estrategias físicas o químicas para evitar la concepción, hoy por hoy, los hombres que no quieran pasar por el quirófano para una vasectomía tienen que conformarse con una simple estrategia física: el uso de condones.

Los egipcios, allá por el año 1550 antes de Cristo, ya habían desarrollado métodos anticonceptivos femeninos. Autores griegos clásicos, como Plinio el Viejo y, sobre todo, Sorano de Éfeso, que influyó en la práctica de la obstetricia y ginecología por más de 1.500 años, ya hablaron del aborto y de otros métodos. Estos incluían el lavado vaginal tras el coito, el uso de miel o sales de aluminio como barrera espermicida o la recomendación de que la mujer saltara hacia atrás siete veces tras el coito.

El condón, sin embargo, es mucho más tardío, a pesar de ser el primer método anticonceptivo masculino desarrollado tras el coitus interruptus. La primera descripción de un condón de la que se tiene noticia no es, como algunos creen, la del Dr. Condón, sino la publicada en 1564 por el médico Gabriello Fallopio, famoso por sus trompas que hoy pueden ser ligadas quirúrgicamente como método anticonceptivo, por supuesto femenino. La palabra "condón" proviene probablemente del latín "condus", que significa receptáculo, y nada tiene que ver, pues, con su supuesto inventor. Los primeros receptáculos penianos estaban fabricados con intestinos de animales (lo cual ayudaba quizá a una relación sexual más "salvaje"). Los condones modernos no nacieron sino después de que el señor Charles Goodyear inventara el proceso de la vulcanización de la goma, lo que también permitió hacer el amor sin peligro de embarazo en lugares apartados tras viajar, sobre neumáticos, en automóvil.

La investigación de anticonceptivos masculinos, hasta la fecha, no ha producido resultados eficaces dignos de comercialización. Y es que duplicar en el hombre los resultados obtenidos con la mujer no es fácil, porque mientras esta posee un mecanismo biológico, la menstruación, que puede ser hormonalmente manipulado, no existe un mecanismo similar en el hombre.

A pesar de esto, se han investigado estrategias hormonales de anticoncepción masculina. Una de las más curiosas, por lo paradójico de la misma, consiste en suministrar al varón inyecciones de la hormona masculina testosterona. La testosterona es necesaria para el desarrollo de los espermatozoides, que se producen en el testículo, gónada que produce igualmente dicha hormona. Si existe una elevada concentración de testosterona en la sangre, la glándula pituitaria del cerebro produce hormonas que dan la orden al testículo de detener la producción de testosterona. De este modo, la concentración de testosterona dentro del testículo disminuye y los espermatozoides no se desarrollan, y esto a pesar de que la testosterona ejerce un efecto potenciador de la libido. Un ensayo clínico de la Organización Mundial de la Salud, desarrollado con más de 400, parejas demostró que este tratamiento era eficaz al 97%, una eficacia superior a la de los condones, pero inferior a la de la píldora femenina, es decir, insuficiente. Además, el uso de testosterona no está exento de efectos secundarios, entre los que destacan efectos sobre las lipoproteínas de la sangre que transportan el colesterol y que se traduce por un aumento del riesgo de enfermedades coronarias. Tampoco se descarta un aumento del riesgo de cáncer de próstata. Otras estrategias con diferentes hormonas se hallan en fase experimental. Los resultados son prometedores, pero se está aún lejos de haber dado con un método anticonceptivo masculino tan eficaz como el femenino.

Esta situación puede cambiar en breve gracias descubrimiento, algo casual, publicado hace tan solo dos semanas por la revista *Nature* de un gen que produce una proteína indispensable para que los espermatozoides naden hacia el óvulo una vez liberados dentro de la vagina de la mujer. El equipo de investigadores del Instituto de investigación Howard Hughes de Boston dio con ella mientras exploraba una base de datos genómica. Encontró así una proteína nueva que se parecía mucho a otras proteínas de la membrana de la célula que funcionan como canales del ión calcio.

Los canales de iones son proteínas de la membrana celular que, como puertas que se abren o cierran dependiendo de ciertos factores, permiten el paso de iones de dentro a fuera de la célula, o viceversa. Este paso es impedido por la membrana celular, de naturaleza hidrófoba, es decir, que repele el agua, y que no permite el paso de moléculas o átomos con carga eléctrica. Por esa razón, la célula necesita de esas puertas en su membrana. La proteína que nos ocupa es una puerta que permite el paso del ión calcio, pero no el de otros iones, como sodio o potasio, los cuales necesitan de otras puertas diferentes para circular de dentro a afuera o de fuera a adentro de las células.

Resulta que el paso de calcio de fuera a adentro del espermatozoide es un proceso indispensable para que estos sean capaces de mover su flagelo, o cola, que les permite nadar y dirigirse al encuentro del óvulo para fecundarlo. Si esta proteína, que solo se encuentra en los espermatozoides, no funciona, no permite el paso del calcio, y los espermatozoides no pueden mover su flagelo de forma adecuada. En particular, no pueden dar el latigazo necesario para penetrar en el óvulo una vez que lo han encontrado, por lo que no pueden fecundarlo. En efecto, ratones a los que les falta este gen, o lo tienen defectuoso, son estériles.

Aunque no se conoce si los espermatozoides humanos poseen una proteína parecida, o si defectos en su función producen esterilidad, es lo más probable, dada la similitud de mecanismos biológicos entre todos los mamíferos. Si este es, en efecto, el caso, un fármaco que fuera capaz de bloquear su acción impediría a los espermatozoides fecundar al óvulo, y esto de manera reversible, es decir, bastaría con dejar de tomar dicho fármaco para que el hombre recobrara su fertilidad. Investigaciones ya en curso van encaminadas a desarrollarlo y a probar su eficacia. Hará falta algún tiempo antes de poderlo comprar en la farmacia, pero es más que probable que dentro de unos años la píldora masculina sea una realidad.

23 de octubre de 2001

Recambios Celulares

Los avances de la ciencia y tecnología médicas a veces no pueden sorprendernos. La capacidad de sorpresa ante lo que sucede solo es posible si somos capaces de comprenderlo y, muchas veces, no podemos.

Una cuestión que por su vertiginoso avance y prodigiosas aplicaciones y promesas quizá pertenezca a la categoría de lo que no puede sorprendernos es la terapia celular mediante la utilización de células madre. ¿Qué son las células madre y en qué reside el fundamento de sus promesas terapéuticas?

Quien tenga hijos relativamente pequeños quizá esté familiarizado con unos juguetes que cambian de forma. De ser, por ejemplo, un coche, pueden transformarse en un robot, según el capricho del niño que los manipula. La estructura y piezas de este tipo de juguetes posen la capacidad de funcionar de varias maneras. Siguiendo el ejemplo anterior, diríamos que poseen la información para funcionar como un coche o como un robot de juguete, según las circunstancias. Otros juguetes pueden transformarse en diferentes animales o cosas, según la estructura y ensamblaje de sus piezas.

Nuestro cuerpo está formado por más de doscientos tipos diferentes de células. Tenemos células de la sangre, musculares, nerviosas, epidérmicas... Todas ellas provienen de una célula precursora, que no es otra que el óvulo fecundado. Esta célula posee, en sus genes, la información para transformarse. Igual que los juguetes anteriores se transformaban sin dejar de ser juguetes, las células se transforman sin dejar de ser células y, durante la transformación, adquieren propiedades que antes no manifestaban. A esta transformación de una célula precursora en otra adulta, especializada en una función determinada, como es el caso de inmensa mayoría de las células de nuestro cuerpo, se le llama diferenciación celular.

Las células se diferencian unas de otras y se transforman en células de los diferentes tejidos siguiendo las instrucciones contenidas en los genes de la célula precursora y bajo la influencia de multitud de sustancias externas que las conducen hacia su "profesión" como células adultas. Sin embargo, a diferencia de los juguetes transformantes, una vez que la célula precursora se ha transformado, por ejemplo, en una célula nerviosa, esta no puede volver atrás y transformarse de nuevo en la célula precursora. Está condenada a seguir siendo una célula nerviosa hasta su muerte.

Numerosas enfermedades se caracterizan por la degeneración y muerte de determinados tipos celulares. Por ejemplo, tras un infarto de miocardio, algunas células de músculo cardiaco han muerto; la enfermedad de Parkinson es el resultado de la muerte de determinado tipo de neuronas. Para curar estas enfermedades, necesitaríamos reemplazar a las células que han muerto. Esto comienza a ser posible hoy mediante la manipulación de células madre. El óvulo es la madre de todas las células, pero afortunadamente no es la única célula que puede transformarse en todas las demás. Hasta los cinco días de edad, las células del embrión humano son capaces de transformarse en todos los tipos de células que forman el organismo adulto. A esas células se les denomina células madre embrionarias. Hoy, los investigadores están aprendiendo a cultivarlas en frascos de laboratorio y a manipularlas, como si de juguetes se tratara, para transformarlas en el tipo celular que más interese conseguir. De esta manera, podemos obtener células musculares para implantarlas en un corazón infartado y recuperar así plenamente su función, o producir neuronas que pueden ser inyectadas en el cerebro de los enfermos de Parkinson para reemplazar a las células que han muerto.

Todos sabemos que si necesitáramos el trasplante de un órgano, requeriríamos un donante que fuera compatible con nosotros. Las células de nuestro cuerpo poseen señales moleculares en su superficie que las identifican como pertenecientes a nuestro organismo. Si recibimos un órgano que posee diferentes señales, es identificado como extraño y las células del sistema inmune se encargan de destruirlo. Este fenómeno, evidentemente, también sucede con el trasplante de células del que hablamos aquí. De ahí que el donante de células madre debería ser tan genéticamente idéntico a nosotros como fuera posible.

El donante más genéticamente idéntico a uno es... y bien, uno mismo. La técnica de la clonación hace ahora posible que, a partir de células adultas extraídas de nosotros mismos, se pueda generar un embrión del que se pueden extraer células madre las cuales, una vez debidamente manipuladas, pueden transformarse en casi cualquier tipo de células de nuestro organismo.

Este tipo de manipulaciones plantea incuestionables problemas éticos que chocan con los valores tradicionales de defensa de la vida humana. Se trata aquí de crear y manipular un embrión humano, que muchos consideran de pleno derecho como una vida humana. Este curso de acción fue prohibido por el presidente de los Estados Unidos si era financiado con fondos públicos. George Bush aprobó, sin embargo, el uso de las alrededor de sesenta cepas de células madre anteriormente extraídas de embriones en diferentes países, pero que, en muchos casos, no son suficientes para garantizar la compatibilidad inmunológica.

La solución a este problema, social más que técnico o científico, puede provenir de la manipulación de células madre que, sorprendentemente, se han descubierto en diversos tejidos del organismo adulto. Estas células no son tan fáciles de obtener, manipular y mantener en el laboratorio como las células madre embrionarias, pero su utilización puede solucionar el problema ético que el empleo de embriones plantea. Al igual que las embrionarias, estas células madre, debidamente manipuladas, podrían originar diversas células del organismo adulto que se necesitan para curar diferentes enfermedades degenerativas, o causadas por el envejecimiento.

Así pues, las células madre nos prometen una especie de recambio corporal que antes era imposible conseguir. Las células de los órganos adultos no pueden reproducirse en cultivo de manera adecuada como para repoblar con células sanas los órganos afectados por enfermedades degenerativas. Ante este hecho, las células madre desempeñan, por fortuna, el papel de una fábrica de repuestos celulares. Como si de automóviles usados se tratara, podremos en el futuro someternos a una sustitución de piezas celulares que reemplacen a las usadas y alargar así indefinidamente nuestra vida, siempre y cuando no abusemos de la maquinaria de nuestro cuerpo ni nos sobrevengan accidentes mortales. El mito de la eterna juventud no está, después de todo, tan lejos de nuestro alcance, o al menos del alcance de quien pueda, y quiera, pagarlo.

11 de noviembre de 2001

¿Autómatas Genéticos?

Siempre que se produce el descubrimiento de un gen que influye sobre el comportamiento animal, mi curiosidad se despereza y comienzo de nuevo a darle vueltas al tema de si nuestros genes no influirán en nuestro comportamiento, humano en ciertas ocasiones, mucho más de lo que nos gustaría.

Muchos de los genes que influyen en el comportamiento animal no pueden ser más anodinos. Uno de los más recientemente descubiertos parece influir en el tiempo y la intensidad que los animales, ratones en este caso, dedican a su higiene personal. Lo curioso de este tema es que los ratones anormales lo son por tener un gen de los llamados homeobox, precisamente el llamado Hox8b, mutado. Los genes de esta familia no se habían relacionado con modificaciones del comportamiento, sino con malformaciones durante el desarrollo fetal. Aparentemente, ciertas mutaciones en uno de estos genes permiten un desarrollo normal durante la gestación, pero luego resultan en una anomalía del comportamiento. Evidencia muy reciente parece también apuntar en la dirección de que otros genes de la familia podrían estar implicados en el control de otras conductas.

Ratones muy limpios

¿Qué comportamiento particular resulta anormal en los ratones con mutaciones en el gen Hox8b? En este caso, los ratones se limpian tanto y tan agresiva y profundamente que acaban arrancándose el pelo y muestran zonas calvas sobre su piel. Curiosamente, existe una rara condición en humanos, llamada tricotilomanía, en las que los afectados acaban por arrancarse los cabellos de tanto tocárselos (y no necesariamente porque haya perdido su equipo favorito). Asimismo, los humanos podemos sufrir de la enfermedad llamada desorden obsesivo-compulsivo, en el que los afectados repiten sin cesar un mismo comportamiento, como lavarse las manos decenas de veces al día. Un caso curioso de esta enfermedad lo constituyó una persona que comía veinticinco huevos pasados por agua al día, sin que por ello mostrara mayores niveles de colesterol en sangre. Así que nuestra especie no está exenta de comportamientos extraños, posiblemente influidos por mutaciones genéticas.

Los investigadores en esta materia esperan que el descubrimiento de genes en animales que influyen en su comportamiento, permitirá identificar los genes correspondientes en humanos. De esta manera, se podría abrir la puerta a la terapia génica y curar así ciertos comportamientos inadecuados, por no decir perniciosos. Al mismo tiempo, si los genes que modifican el comportamiento animal también lo hacen en el ser humano, los animales representarán un modelo adecuado en el que investigar la acción de nuevos fármacos que intenten paliar los males causados por los genes mutados. En este sentido, existen fármacos que disminuyen los síntomas obsesivo-compulsivos, que podrán ser estudiados en los ratones mutantes y comprobar si ciertas modificaciones o nuevas combinaciones terapéuticas pueden resultar más eficaces.

La influencia de los genes

Algo que puede resultar difícil de comprender es cómo una modificación genética puede influir, por ejemplo, en la frecuencia con que nos peinamos. Para comprender esto, solo hace falta darse cuenta de que todos nuestros comportamientos están regulados por nuestro sistema nervioso. Este, está formado por cientos de millones de células interconectadas entre sí que procesan información y envían las correspondientes órdenes a nuestros tejidos y músculos.

Por supuesto, las piezas de las que están formadas esas células son fundamentales para su buen funcionamiento, y las piezas que las forman se fabrican siguiendo las instrucciones de los genes. Para entender esto mejor, imaginemos, por ejemplo, un reloj mecánico que, como las células, contase con instrucciones detalladas para fabricarse así mismo cada una de sus piezas y sustituirlas a medida que fuese necesario. Esas instrucciones corresponderían a los genes del reloj. Si uno de los genes tuviera errores y diera instrucciones de fabricar una de rueda dentada con, por ejemplo, la mitad de los dientes, no hay duda de que el reloj adelantaría o retrasaría mucho. Lo mismo puede sucederle a las células, aunque estas son muchísimo más complicadas que un reloj. Y en este caso tenemos el agravante de que no estamos fabricando un único reloj erróneo, sino que todas las células de nuestro cuerpo, y en particular las del sistema nervioso, van a ser defectuosas, con lo que algún aspecto de su funcionamiento también lo será, lo que hará que algún aspecto de nuestro funcionamiento como organismo, de nuestro comportamiento en ocasiones, también lo sea.

En este sentido, es fácil darse cuenta de que si un gen participa en la arquitectura corporal, es decir, en cómo las células se distribuyen y conectan unas con otras en el cuerpo, como es el caso del gen Hox8b, puede hacerlo también en la arquitectura cerebral. El cableado cerebral inicial con el que todos nacemos, y que se encuentra bajo control casi total de los genes, es el que puede más tarde, condicionar nuestra respuesta al mundo exterior, es decir, nuestro comportamiento.

Ratones asesinos

La influencia de los genes en el comportamiento animal no se limita a comportamientos baladíes, como limpiarse el pelo. En 1995, el grupo del Dr. Solomon Snyder produjo unos ratones mutantes muy inquietantes. Estos ratones habían sido elaborados de manera que el gen de un importante enzima que fabricaba el neurotransmisor óxido nítrico había sido eliminado. El comportamiento de estos ratones era criminal. Si se colocaba a uno de estos ratones macho mutantes en una jaula con otros machos, cualquier pretexto era bueno para comenzar una pelea, pelea que se alargaba hasta la muerte de uno de los contrincantes. Al parecer, en ausencia del neurotransmisor fabricado por el enzima eliminado, los ratones perdían la inhibición para pelearse y, al mismo tiempo, también perdían el mecanismo por el cual dejan de pelearse una vez la pelea ha comenzado. Esto conducía a desenlaces siempre sangrientos.

Si a estos mismos ratones mutantes se les colocaba en presencia de una hembra, intentaban mantener relaciones sexuales con ella aunque no esta no lo deseara y acababan violándola. Así pues, la ausencia de un único gen había convertido a estos simpáticos animalillos de laboratorio en asesinos y violadores. Lo curioso del caso es que el efecto de la mutación solo lo sufrían los machos. Las hembras manifestaban un comportamiento perfectamente normal.

Desde que conocí estos estudios del Dr. Snyder tengo los pelos de punta, y necesito hacer esfuerzos para controlarme y no arrancármelos. La genética de la criminalidad es un área de estudio en expansión que puede tener importantísimas repercusiones sociales, y también filosóficas. Si lo que sucede a los ratones nos sucede a nosotros, llegar a saber que un asesino lo es por una causa genética de la que no es responsable, no sé a usted, pero a mí me rompe los esquemas de la supuesta responsabilidad de nuestras acciones por las que nos merecemos un premio o un castigo. Es de suponer que desde los genes que pueden influir en cuanto tiempo pasamos frente al espejo por la mañana a aquellos que influyen sobre nuestra agresividad, nuestra sensibilidad o nuestra inteligencia, deben existir unas cuantas decenas que influyen en muchas otras de nuestras cualidades y de nuestros hábitos. ¿Cuánto es genética y cuánto ambiente? No lo sabemos todavía, pero el ambiente científico actual parece decirnos que somos cada vez más genes y menos ambiente.

4 de Febrero de 2002

Guerra Vírica

Hace ya más de veinte años que salieron a la luz los primeros casos de una enfermedad desconocida que parecía afectar a homosexuales y drogadictos. Los afectados por este raro mal se veían atacados por extraños microorganismos que infectaban sus cuerpos y que normalmente solo se veían en enfermos inmunodeprimidos, es decir, cuyo sistema inmune no funcionaba adecuadamente, o que sufrían de deficiencias inmunes heredadas. Por esta razón, se denominó a este cuadro clínico síndrome de inmunodeficiencia adquirida, hoy mundialmente conocido por sus siglas SIDA.

Hace veinte años nada se sabía de la biología de ese virus. De hecho, el virus se aisló en 1983 y, como es lógico, solo desde su aislamiento se han podido estudiar sus propiedades En ese tiempo se han efectuado avances extraordinarios que no han servido, sin embargo, para acabar con la enfermedad o para desarrollar una vacuna protectora contra ese virus.

Biología del virus del SIDA

El ciclo vital de este virus es, desde luego, una maravilla de la biología y cualquiera que hubiera diseñado su maléfico funcionamiento debería sin duda ser considerado el mayor genio del mal de todos los tiempos, después del mismísimo demonio. Afortunadamente, no parece haber sido otra que la madre Naturaleza, que también ha diseñado el resto de los seres vivos, la que ha diseñado el virus del SIDA. El genoma de este virus consta solamente de nueve genes. Con solo nueve genes, el virus es capaz de controlar un organismo que posee más de treinta mil. Esto da una idea de la maravillosa ergonomía del diseño evolutivo de este microorganismo.

Los genes de este virus, como los de todos los organismos vivos, contienen información para producir proteínas, víricas en este caso, que van a subvertir la maquinaria celular para producir más virus. Una célula infectada se convierte en esclava del virus que la ha infectado y en una máquina para producir miles de partículas víricas idénticas a la única que ha infectado a la célula.

Pero para que esto suceda, primero el virus debe ser capaz de penetrar en el interior de la célula que pretende infectar. Aquí radica uno de los problemas que el virus del SIDA nos plantea. El virus posee proteínas en su superficie que se unen a la proteína llamada CD4, presente en la superficie de células del sistema inmune, en particular, en la superficie de los llamados macrófagos –cuya función es fagocitar, comerse, a las bacterias invasoras–, en la de las células dendríticas –que actúan como espías y sirven para enseñar quien es el enemigo a otras células del sistema inmune para que lo destruyan–, y en la superficie de los llamados linfocitos T CD4.

El ataque del virus a estas últimas células es lo que lo convierte en mortal. Prácticamente todo el funcionamiento del sistema inmune reposa sobre el correcto funcionamiento de los linfocitos T CD4. Estas células son el puente de mando del sistema inmune y si ellas no funcionan nada lo hace. El ataque del virus a estas células, poco a poco, consigue disminuir su número hasta que las órdenes que deben emitir para que el sistema inmune funcione no llegan a su destino. En ese momento, todo deja de funcionar y el cuerpo humano queda a la merced de todo tipo de infecciones, que incluyen bacterias, hongos y otros virus. Estas infecciones no pueden ser mantenidas a raya y acaban con la vida del infectado.

Posibilidades terapéuticas

Las investigaciones de los últimos veinte años han permitido averiguar la función de la mayoría de los genes del virus. Puesto que el genoma de este virus es de ARN, y no de ADN, como el nuestro, el virus necesita un gen para fabricar una proteína, la llamada transcriptasa inversa, que copia el ARN en ADN. El ADN así formado es capaz de colarse en uno de nuestros cromosomas y desde ahí funcionar como si de un grupo de nuestros genes se tratara, en completa impunidad.

Además de la transcriptasa inversa, el virus posee un gen que produce una proteína necesaria para la maduración de otras proteínas producidas por otro de sus genes. Esta proteína se denomina proteasa. Experimentos de laboratorio demostraron que sin el buen funcionamiento de la transcriptasa inversa o de la proteasa el virus no puede reproducirse.

Estos conocimientos convirtieron a la transcriptasa inversa y a la proteasa en blancos terapéuticos, es decir, en blancos de posibles fármacos diseñados para impedir su buen funcionamiento. De esta manera, se pensó, se impediría la reproducción vírica y se podría incluso llegar a curar a los enfermos.

Demasiado optimismo. Era no contar con la evolución natural de las especies. En efecto, fármacos diseñados para impedir el funcionamiento de esas proteínas evitaron la reproducción vírica, pero solo por un tiempo. El tiempo que el virus tardaba en desarrollar mutaciones que le hicieran inmune a la acción de esos fármacos. El nuevo virus mutante estaba perfectamente adaptado al nuevo entorno producido por la presencia de los fármacos. Curiosamente, nuestro sistema inmune ultra sofisticado no puede acabar con la infección vírica y, sin embargo, un simple virus puede hacerse inmune a nuestros ultra sofisticados fármacos.

Las dificultades de tratamiento de la enfermedad se unen a las dificultades para desarrollar una vacuna, en las que no vamos a entrar aquí. Parece que, a pesar de todo el tiempo y esfuerzo dedicado para acabar con él, el virus del SIDA tiene una larga vida por delante. Excepto que...

Insospechadas avenidas

Excepto que descubrimientos inesperados provean avenidas de investigación insospechadas que permitan abrir un nuevo frente de ataque al virus. Uno de esos descubrimientos se ha realizado recientemente, investigando virus que no tenían nada que ver con el SIDA, sino con la hepatitis vírica. Mientras se intentaban identificar virus nuevos que pudieran producir esa enfermedad, se aisló uno nuevo, llamado GVB-C, que no parece, a fecha de hoy, causar enfermedad alguna, a pesar de que infecta nuestras células. La sorpresa surgió cuando se comprobó que individuos infectados con este inocuo virus son más resistentes a los efectos del virus del SIDA que individuos no infectados con él. De alguna manera, este virus interfiere con el virus del SIDA y parece impedir su crecimiento.

Al igual que cuando se identificó el virus del SIDA, muy poco se conoce sobre la biología del GBV-C y menos sobre cómo se las arregla para interferir con el crecimiento del virus del SIDA. Investigaciones ya en curso tendrán que proporcionarnos el conocimiento necesario para poder, quizá, utilizar este virus con fines terapéuticos. En lo que a mí respecta, soy optimista. No creo que si la Naturaleza nos plantea un problema, no nos proporcione al mismo tiempo las herramientas para solucionarlo, utilizando el ingenio y la inteligencia con que ella también nos ha dotado.

11 de febrero de 2002

La Deconstrucción De La Gran Pirámide

Construida entre los años 2590 y 2565 antes de Jesucristo, durante la dinastía del Faraón Keops, La Gran Pirámide de Egipto fue la primera de las siete maravillas del Mundo y la única que ha sobrevivido hasta nuestros días. Con sus 146 metros de altura fue la construcción más alta del mundo hasta el año 1880, cuando se terminó la Catedral de Colonia, de 156 metros.

Además de estas hazañas, los antiguos egipcios fueron capaces de orientar los vértices de su base, cuyos lados miden 230 metros de largo, casi exactamente hacia los cuatro puntos cardinales. El número de piedras que componen la Pirámide es de unas 2.300.000, que consiguen que la masa de la enorme mole sea, solo, de alrededor de siete millones y medio de toneladas.

¿Cómo pudo un pueblo que no conocía el hierro ni la polea construir un gran monumento que desafiara al propio tiempo?

Desde la suposición de que los antiguos egipcios detentaban un saber insospechado, irrecuperablemente perdido hoy, a la suposición de que fue una civilización extraterrestre la que construyó las pirámides para dejar constancia de su paso por la Tierra, mucho se ha escrito sobre este tema, mucho y muchas cosas sin fundamento. Las hipótesis paracientíficas, o simplemente acientíficas, causan furor en mucha gente y, desde siempre, las pretendidas explicaciones extraordinarias han gozado de un enorme poder de atracción.

Hipótesis

Los egiptólogos serios, sin embargo, se han limitado a emitir hipótesis sobre las posibles técnicas de construcción empleadas basándose exclusivamente en lo que se conoce sobre ese antiguo pueblo. Puesto que no existen evidencias de que los antiguos egipcios conocieran la polea, un instrumento que hubiera hecho mucho más fácil el levantamiento de grandes pesos, las hipótesis deben ceñirse a este hecho. Así se ha supuesto que una posible técnica empleaba la construcción de rampas de ladrillo y madera, sobre las cuales podrían ir izándose las piedras, algunas de ellas de más de tres mil kilos de peso. Esta tarea se realizaría atando a las piedras con cuerdas, de las que tirarían numerosos trabajadores o esclavos. Otra hipótesis supone la invención de una especie de ascensor primitivo. Un gran tronco, depositado sobre dos paredes de ladrillo paralelas serviría como eje para pasar sobre él la cuerda o cuerdas de las que se tiraría para subir los bloques de piedra hasta lo alto de esas paredes. Por supuesto, las paredes de ladrillo deberían ir destruyéndose y construyéndose de nuevo a medida que la construcción de la pirámide avanzara, un proceso que en sí mismo requeriría mucho trabajo. Otra hipótesis supone que los bloques de piedra podrían haber sido envueltos en papiro para formar así un enorme cilindro que podría izarse con cuerdas, haciéndolo rodar sobre rampas.

Todas estas hipótesis tienen sus defensores y sus detractores, pero hasta hoy ninguna de ellas es completamente satisfactoria para explicar la construcción de la Pirámide.

Y es que, además del problema del transporte y colocación de los bloques de piedra, tenemos también el problema de su tallado. El ajuste de unas piedras con otras en algunas partes de la Pirámide es de tal precisión que entre ellas no podría deslizarse ni un papel de fumar. Los arquitectos egipcios parecen haber logrado casar superficies convexas con cóncavas, una tarea muy delicada. Muchos arquitectos actuales confiesan que ni siquiera con técnicas de talla de piedra guiadas por láser y ordenador podría hoy conseguirse la precisión de tallado y que se observa en la Pirámide. ¿Debemos pues admitir que, en efecto, los antiguos egipcios poseían una tecnología perdida que ni siquiera hoy nosotros, capaces de ir a la Luna o de conseguir la secuencia completa de nuestro ADN, poseemos?

¿Piedras artificiales?

Aunque a muchos les guste pensar que así es, la respuesta a estos enigmas puede ser más simple y mucho más prosaica de lo que gustaría a quienes prefieren un romántico misterio a una fría explicación. ¿Y si la explicación fuera tan simple que nadie hasta la fecha hubiera dado con ella debido, precisamente a su simplicidad? Por ejemplo, ¿y si los egipcios no hubieran cortado y tallado las piedras sino que las hubieran fabricado?

Es lo que propone el arquitecto Joël Bertho, buen conocedor de hormigones y morteros. Al darse cuenta de que los egipcios conocían la técnica de fabricación de la escayola y de ciertos tipos de morteros y que sabían fabricar ladrillos mezclando arcilla y paja, Joël Bertho supone que también sabían fabricar piedra artificial, mezclando cal, yeso y arena con agua.

Lo que Joël Bertho propone, pues, es sustituir los inmensos bloques de piedra tirados por ejércitos de esclavos, por los mismos ejércitos transportando mucho más cómodamente sacos de arena, yeso y cal que depositarían dentro de moldes de madera construidos al efecto, donde los mezclarían con la cantidad adecuada de agua para producir un bloque de piedra en el sitio deseado. Por supuesto, al ser la piedra inicialmente líquida, el ajuste con la superficie de contacto inferior sería perfecta, muy superior a la conseguida con cualquier tallado.

Si bien la hipótesis es atractiva y explica muchos enigmas para los que no existía explicación satisfactoria, esto no es suficiente para aceptarla como cierta. Necesitamos datos científicos que confirmen o refuten esta idea. Para obtenerlos, varios laboratorios geológicos han comenzado un análisis exhaustivo de la composición y estructura mineral de las piedras de la Gran Pirámide. Los resultados obtenidos hasta la fecha indican que si bien muchas de las piedras de la Pirámide parecen auténticas, es muy probable que otras sean, en efecto, piedras artificiales. Así parece indicarlo el análisis microscópico de barrido electrónico, que ha descubierto estructuras mineralógicas similares a las que se encuentran en los hormigones actuales. Esto sugiere que en la construcción de las pirámides pudieron emplearse tanto piedras naturales talladas, como artificiales, lo que facilitaría sin duda la construcción del monumento.

Pero, como sucede con cualquier idea nueva, esta pasará también por las etapas de rechazo y ridiculización hasta que, si llega a ser aceptada, todos lleguemos a considerarla obvia y trivial, como hacemos ahora con todas las buenas ideas ya aceptadas. Por el momento, los egiptólogos de "pata negra" se rasgan las vestiduras ante el sacrilegio que supone que un arquitecto que hacía turismo diera con una idea plausible para explicar la construcción de la primera maravilla del mundo que ningún experto había pensado antes en más de doscientos años. Sin embargo, la hipótesis de Joël Bertho dista de poder explicar todos los misterios que aún encierra la Gran Pirámide y no deja sin trabajo, de momento, a egiptólogo alguno.

25 de febrero de 2002

La Esponja Antidiabética

Casi todos sabemos lo que supone la enfermedad de la diabetes. Los pacientes de esta enfermedad no toleran la glucosa, la expulsan en la orina, y tienen diversos trastornos metabólicos, algunos de ellos graves. La falta de la hormona insulina suele ser la causa de esta enfermedad, aunque se puede ser diabético aun teniendo niveles completamente normales de esta hormona si se produce un defecto en la capacidad de las células del cuerpo para detectar la presencia de la hormona. De todos modos, la forma más peligrosa de la enfermedad es la debida a la ausencia de insulina, que es producida por unas células particulares del páncreas, las llamadas células beta.

NOD ratón

¿Qué es lo que causa que los individuos diabéticos hayan dejado de producir insulina, aun cuando la produjeran en algún momento de sus vidas? La respuesta a esta pregunta es conocida, y algo sorprendente. La falta de producción de insulina se produce por un ataque de nuestro propio sistema inmune a las células beta del páncreas. El sistema inmune deja de reconocer a esas células como propias del organismo y las pasa a considerar extrañas, por lo que inicia su eliminación causándoles su muerte progresiva. Cuando la mayoría de las células beta pancreáticas han muerto, la producción de insulina deja de ser suficiente para controlar el aumento de glucosa en la sangre y almacenarla debidamente en los tejidos. No se conocen aún con claridad las causas de este comportamiento anormal del sistema inmune, pero se sospecha que algunos genes están implicados. Esto explicaría que ciertos individuos desarrollen la enfermedad, mientras que otros no lo hagan. Los genes no lo son todo, de todos modos, y ciertas agresiones externas, en forma por ejemplo de diversos tipos de alimentos engullidos en demasía, pueden acelerar o inducir la aparición de la enfermedad en aquellos individuos predispuestos genéticamente a ella.

La hipótesis de que los genes tienen que ver con el desarrollo de la diabetes, entre otras evidencias, viene avalada por el hecho de la existencia de una estirpe de ratones diabéticos, llamados NOD (No Obesos Diabéticos). Esta estirpe de ratones surgió por mutación espontánea en un laboratorio de Japón, lo que indica que algunos genes están implicados en esta enfermedad, al menos en ratones. A partir de la edad de quince semanas (los ratones viven unos dos años) estos simpáticos roedores NOD desarrollan la diabetes y sirven de modelo para estudiar potenciales substancias terapéuticas o estrategias preventivas de la enfermedad. De funcionar en estos animales, la nueva sustancia pasaría a ser probada en ensayos clínicos en humanos y, si todo fuera bien, en unos años podría aparecer en las farmacias.

Esponjas salvadoras

Es este quizá el caso de una sustancia aislada hace unos treinta años de una esponja marina que vive a lo largo de las costas japonesas, en pleno océano Pacífico, aunque parece que también vive en las costas de Mauritania, y de ahí su bonito nombre, *Agelas mauritanus*. De esta esponja, se extrajo una sustancia que poseía actividad anticancerosa, ya que ayudaba a controlar el desarrollo de las metástasis, es decir, la diseminación de las células cancerosas desde el sitio primario del tumor a otras partes del cuerpo.

Esta sustancia, llamada alfa-GalCer, es un glicolípido, es decir, una molécula compuesta de un azúcar y de una grasa. En los estudios que se llevaron a cabo para explorar sus propiedades antitumorales, se observó que estas no se debían a que la sustancia atacara directamente a las células cancerosas, sino que lo que esta sustancia lograba era estimular al sistema inmune de nuestro propio cuerpo para que este atacara a esas células. Así pues, alfa-GalCer es una sustancia inmunomoduladora, es decir, reguladora de la actividad del sistema inmune.

Como hemos dicho, la diabetes dependiente de insulina es una enfermedad autoinmune. Aunque se desconoce por qué el sistema inmune puede desarreglarse y atacar a las células productoras de insulina, estudiando los ratones NOD, hace unos seis años, se descubrió que estos ratones poseían un número menor de un tipo particular de células inmunes, las llamadas células NKT. Una de las funciones de estas células parece ser la de rodear y proteger a las células beta del páncreas e impedir que estas sean atacadas por otras células del sistema inmune, en particular por las células T citotóxicas, normalmente encargadas de detectar y exterminar a células infectadas con virus o a células cancerosas.

Así pues, deben existir genes que influyen en el número de células NKT que tenemos. Si tenemos pocas de estas células, no hay suficientes para producir una buena barrera protectora alrededor de las células beta del páncreas. En estas condiciones, las células beta pueden ser detectadas por las células T citotóxicas y ser muertas por estas.

Prometedores resultados

Es aquí donde interviene la magia científica de alfa-GalCer. Las propiedades inmunomoduladoras de esta sustancia incitaron a los investigadores a probar sus propiedades en los ratones NOD y estudiar si esta sustancia influía en el desarrollo de la diabetes, genéticamente determinada en estos ratones. La agradable sorpresa fue comprobar que ratones NOD tratados con esta sustancia antes de que comenzaran a desarrollar la enfermedad, es decir, antes de las quince semanas, no desarrollaban la diabetes. Esta sustancia protegía pues contra el desarrollo de la enfermedad, aunque era incapaz de curar a los ratones que ya la habían desarrollado.

Pero ¿cómo funciona esta sustancia? Parece ser que la sustancia actúa sobre las células NKT, las que protegen a las células beta del ataque de los linfocitos citotóxicos. La sustancia se adhiere a una molécula de la membrana de estas células y las induce a producir mayor cantidad de otra sustancia, denominada Interleucina 4, que actúa inhibiendo la acción de las células citotóxicas. En otras palabras, alfa-GalCer consigue que las células NKT trabajen mejor, compensando su bajo número en los individuos susceptibles de desarrollar diabetes. Esto es lo que sucede, al menos en ratones NOD.

Los resultados tan prometedores obtenidos en animales han animado a los investigadores a estudiar las propiedades de alfa-GalCer en los seres humanos. Ensayos clínicos con esta sustancia están llevándose a cabo en la actualidad. De ser positivos, dispondríamos de una sustancia (que puede ser ya sintetizada en el laboratorio, sin necesidad de irnos al Pacífico a pescar esponjas) que protegería contra el desarrollo de la diabetes, lo que, a pesar de no curar la enfermedad, sí podría en el futuro poner freno a la misma. Pero para ello hace falta que se desarrollen ensayos de diagnóstico temprano de esta enfermedad que permitan seleccionar a los individuos susceptibles de desarrollarla. Quizá cuando se descubran todos los genes responsables de la misma tengamos una herramienta fiable para saber si somos o no susceptibles de convertirnos en diabéticos y debamos, pues, ser tratados con esta sustancia desde los primeros años de nuestra vida. El futuro, en este aspecto, es prometedor.

18 de marzo de 2002

El Fin De La Vida

Durante la Semana Santa, que he pasado en Albacete, el estruendo de los tambores celebrando la muerte y resurrección de Jesucristo han inducido en mí pensamientos pesimistas, ya que si todos estamos seguros de nuestra muerte, quien más quien menos algunas dudas alberga sobre su resurrección. Por estas razones, me he dedicado a indagar lo que la ciencia puede decirnos sobre el fin del mundo, y me he centrado en lo que nos dice sobre el fin de la vida en la Tierra. Hoy propongo que nos demos una vuelta por lo que los modelos basados en lo que actualmente conocemos predicen sobre la extinción de las especies que heredarán la Tierra.

Hablo de las especies que heredarán la Tierra porque cuando llegue el fin del mundo biológico, nuestra especie hará muchos millones de años que habrá desaparecido. Sin embargo, si podemos predecir o hasta proponer un mecanismo, un proceso, para el fin de la vida, no sabemos cuándo ni cómo morirá el último representante de nuestra especie. Existen innumerables posibilidades: guerra atómica, guerra biológica, cataclismo climático, polución asfixiante, virus nuevos y mortíferos, incluso algunos incluyen en esta lista una invasión por extraterrestres de un planeta exterior al sistema solar. Excepto que decidamos -o nuestra locura decida por nosotros- suicidarnos voluntaria o involuntariamente en masa gracias al uso irracional de nuestra tecnología, innumerables posibilidades, pues, acechan la continuidad de nuestra y otras especies, posibilidades entre las que se encuentra -se me olvidó antes- la colisión de un asteroide de gran tamaño contra nuestra querida Tierra, como ha sucedido varias veces en el pasado.

El futuro de la vida, el futuro del Sol

Supongamos, no obstante, que nuestra especie alcanza la racionalidad y aprende a usar la tecnología con conocimiento suficiente como para evadir todas esas posibilidades catastróficas, e incluso frenar la evolución de las especies, al menos de la nuestra. ¿Podríamos continuar sobre la Tierra indefinidamente? Mucho me temo que eso es imposible. Veamos, según la ciencia, por qué.

Las cosas sobre nuestro planeta cambian sin cesar: los continentes se mueven, los océanos nacen y desaparecen, los volcanes se encienden o se apagan. Sin embargo, ninguno de estos impredecibles acontecimientos pesa sobre el futuro de la vida en la Tierra. La razón es que el factor crucial para la vida en este planeta es el Sol. Aunque no podemos predecir qué sucederá con las órbitas de los asteroides que pueden estrellarse contra la Tierra, o con el volcanismo, los terremotos, etc., sí podemos predecir la evolución solar. El Sol es una estrella común. Existen miles de millones como ella en el universo, y los astrónomos han visto muchas en las distintas etapas de sus vidas, es decir, han observado y estudiado soles niños, adultos y ancianos, lo que les permite predecir con bastante seguridad lo que va a suceder a nuestro Sol cuando llegue a ser anciano y más allá. Así, se calcula que el Sol se apagará en unos siete mil millones de años. Sin su energía, la vida tal y como la conocemos es imposible.

Sin embargo, desgraciadamente, el fin de la vida en la Tierra sucederá bastante antes de que el Sol se apague. La razón es que la manera en que el Sol evoluciona ejercerá un impacto determinante sobre la vida en el planeta unos cinco mil quinientos millones de años antes de que se apague definitivamente. Según un modelo de evolución de la biosfera, desarrollado por los científicos estadounidenses James Kasting y Ken Caldeira, la vida sobre la Tierra se extinguirá en unos mil quinientos millones de años. Veamos cómo.

Vida y CO_2

Como es bien sabido, el Sol extrae su energía de la fusión nuclear del hidrógeno en helio. A medida que el hidrógeno se consume y se produce helio, el centro del Sol aumenta su densidad y su temperatura, lo que, poco a poco, se va traduciendo en un aumento de la luminosidad del Sol. Así, el Sol se va haciendo cada día un poco más brillante, y un poco más caliente. El aumento de la temperatura solar es el que condiciona el futuro de la vida en la Tierra. El planeta sobre el que estamos va recibiendo cada día un poquito más de energía del Sol. Se calcula que en cuatrocientos millones de años el Sol será un 5% más luminoso y la temperatura media de la Tierra será de 20°C, en lugar de los 15° C de hoy (salvo que el calentamiento global acelere sustancialmente este aumento de temperatura).

Este ligero aumento de temperatura no parece ser suficiente para amenazar la continuidad de la vida sobre la Tierra. En realidad, la Tierra debería aumentar la temperatura más rápidamente, pero no lo hace debido a que se produce un curioso fenómeno: El aumento de luminosidad solar y de temperatura terrestre causa que la concentración en la atmósfera de CO_2, el gas que causa el efecto invernadero, vaya decreciendo poco a poco. Y esto sí es un problema grave para las plantas que dependen de este gas para efectuar la fotosíntesis.

Creo que es de todos conocido que la concentración de CO_2 en la atmósfera impide que la temperatura de la Tierra sea más fría de lo que es. Este gas absorbe la radiación infrarroja que emite la Tierra al ser calentada por el Sol y la reenvía hacia su superficie, lo que causa que la Tierra pierda menos calor recibido del Sol de lo que perdería de no haber CO_2 en la atmósfera. Es el llamado efecto invernadero y la razón de que las emisiones de CO_2 causadas por la actividad industrial humana ejerzan un efecto sobre el clima.

Aunque el flujo de CO_2 en la atmósfera depende de muchos factores, a la escala de millones de años solo dos factores influyen en su concentración. El primero es el volcanismo, que libera CO_2 a la atmósfera, y el segundo es la erosión. La erosión pone al descubierto rocas silíceas que son capaces de absorber CO_2 formando minerales carbonatados, es decir, las rocas silíceas extraen CO_2 de la atmósfera. Así, el balance final de CO_2 en la atmosfera depende de cuantos volcanes se vayan produciendo y de la tasa de erosión.

Los estudios de la evolución rocosa pasada, indican que el aumento de luminosidad y temperatura del Sol acelera mucho la erosión y, por tanto, incrementa la absorción de CO_2 de la atmósfera. Esto indica que a medida que la luminosidad del Sol aumente, el CO_2 de la atmósfera irá decreciendo.

Llegaremos a un punto en el que la concentración sea tan pequeña que la fotosíntesis de las plantas no podrá mantenerse. Las plantas, según su capacidad de resistencia a la caída de CO_2, irán desapareciendo, y con ellas también los animales, ya que dependemos de ellas. Se calcula que dentro de novecientos millones de años todas las plantas habrán desaparecido y solo subsistirán organismos microscópicos.

A partir de ese momento, las cosas se ponen muy calientes. La temperatura aumenta más rápidamente y en unos mil cuatrocientos millones de años a partir de hoy se alcanza la temperatura media de 50°C. Tan solo doscientos millones de años más tarde se alcanzan los 100°C. Los océanos se evaporan y el vapor de agua, que también contribuye al efecto invernadero, ayuda a que la temperatura de la Tierra aumente aun más. La Tierra es ya yerma, porque sin agua líquida la vida es imposible. Además, sin agua líquida, la erosión se detiene y el CO_2 atmosférico, procedente de los volcanes, aumenta dramáticamente, colaborando al rápido calentamiento. Para acabar de estropear las cosas, la radiación ultravioleta el Sol descompone el vapor de agua en oxígeno e hidrógeno. Este gas, muy ligero, se pierde en el espacio exterior, ya que la gravedad terrestre es incapaz de retenerlo. Así, todo vestigio de agua sobre la Tierra desaparecerá y nuestro planeta, ex azul, acabará en un estado similar al que hoy posee Venus, planeta gemelo a la Tierra que tuvo la mala suerte de situarse más cerca del Sol y, por tanto, de soportar mayor luminosidad y temperatura que aquella.

Así pues, los modelos basados en lo descubierto por la ciencia hasta hoy indican que la vida, que apareció sobre la Tierra hace unos tres mil quinientos millones de años, desaparecerá en solo unos mil millones de años más. Poco tiempo a la escala astronómica, pero toda una eternidad para nosotros. Realmente, no hay nada de qué preocuparse, excepto de si sobreviviremos a nuestra propia estupidez muchísimo antes de que la temperatura media de la Tierra suba un grado más.

8 de abril de 2002

Lucha Equivocada

Con la llegada de la primavera, aumentan los estornudos, picores de nariz y lagrimeos. No es que la gente se resfríe más cuando llega el buen tiempo. Es alergia. En primavera, suele ser alergia al polen, pero se puede ser alérgico a numerosas sustancias, como ciertos alimentos, medicamentos, venenos de insectos y los ácaros que viven en nuestras casas y se pasean por las sábanas de nuestra cama mientras dormimos, alimentándose con restos desprendidos de nuestra piel.

Este año, puede haber buenas noticias para los alérgicos al polen. Las no muy abundantes lluvias del invierno impactarán negativamente en la floración y, por tanto, no es probable una excesiva producción de polen, a menos que continúe lloviendo. En nuestra región, son las gramíneas las plantas que producen mayor cantidad de polen inductor de alergias. Tan solo cincuenta granos de polen por metro cúbico de aire son suficientes para inducir una crisis alérgica en individuos sensibles. Puesto que cada flor produce millones de estos granos, no es de extrañar que todos los alérgicos sufran las consecuencias. Estas pueden ser leves, como rinitis o conjuntivitis, o graves, como ataques de asma o el terrible choque anafiláctico, una reacción alérgica generalizada en todo el organismo, y pueden acabar con la vida del afectado.

¿Por qué existen las alergias y por qué unas personas son alérgicas y otras no? ¿Por qué el polen es un potente inductor de alergias? Vamos a darnos un paseo por la alergia para responder a esta pregunta para que aquellos a quienes por estas fechas estornuden más de lo habitual, les gotee la nariz, les piquen los ojos, o, más grave, sufran dificultades respiratorias, tengan una idea de lo que sucede en sus cuerpos.

Parásitos y alergia

Aunque algunos se consideren alérgicos a las matemáticas, al fútbol (seguramente no muchos), o incluso al trabajo, las alergias propiamente dichas son una respuesta excesiva de nuestro sistema inmunitario a un agente externo que es identificado como perjudicial pero que, en realidad, no lo es. Los mecanismos de defensa para evitar la penetración en el organismo de un supuesto patógeno son los que acaban haciéndonos daño a nosotros mismos. Es como un ataque "amigo" que acaba con algunas de nuestras tropas por error, puesto que en realidad, no hay enemigo.

El sistema inmune es un complejo ejército celular. Como todos los ejércitos, está jerárquicamente organizado y posee determinadas células que cumplen determinadas misiones o dan determinadas órdenes. Para ello, cuenta con moléculas que sirven de elementos de comunicación entre las células de mando y el frente de batalla o con armas especializadas para controlar ataques de diferentes microorganismos.

Se sabe hoy que los comandos celulares y armas del sistema inmune que intervienen en las reacciones alérgicas son los especializados en la lucha antiparasitaria. Los parásitos son, y han sido a lo largo de la evolución, elementos siempre presentes y contra los cuales los organismos han luchado constantemente. Así lo demuestra la secuencia del genoma humano, o la parte de genoma conocida de otras especies, que poseen restos de muchos parásitos (muchos de ellos virus) contra los que han luchado pero que en algunos casos han acabado por integrarse en él.

Vigilancia

Nuestro sistema inmune ha desarrollado un sistema de vigilancia constituido por células que se sitúan en puntos estratégicos, como la piel, el intestino o las vías respiratorias, ya que los parásitos suelen penetrar en nuestro cuerpo por su superficie, es decir, por todas aquellas partes que están en contacto con el medio exterior. Las células encargadas de esta función de vigilancia son los mastocitos. Estas células están armadas para una intervención inmediata, ya que si queremos evitar la penetración de un parásito en el cuerpo, no podemos esperar órdenes superiores, tenemos que actuar rápidamente. Los mastocitos poseen también un medio de detección de los posibles parásitos. Este consiste en anticuerpos de una determinada clase, llamada IgE. Estas moléculas de anticuerpo están unidas a un receptor, una proteína especializada para unirse a las IgEs, en la superficie del mastocito. Según los genes de cada cuál, unos individuos producen más IgEs que otros, lo que los prepara mejor para la lucha antiparasitaria, pero también los hace más susceptibles a las alergias.

En caso de detectar la presencia de lo que creen es un intruso, los anticuerpos IgE, a través del receptor al que están unidos, envían una señal al interior de los mastocitos. Esta señal activa las armas de estas células, causando la liberación de los contenidos de sus vesículas, que poseen ciertas sustancias químicas entre las que se encuentran las histaminas.

La histamina y las otras moléculas liberadas ejercen efectos diferentes en distintas partes del cuerpo. Así, contraen los bronquios y aumentan la secreción de moco, haciendo más difícil la penetración por las vías respiratorias del presunto parásito; dilatan los vasos sanguíneos de la piel, ayudando a que otras células inmunes de la sangre acudan hacia la superficie para luchar contra el parásito, y aumentan la secreción y movimientos intestinales para intentar expulsar el parásito por esa vía, lo que causa diarreas o vómitos. Los medicamentos antihistamínicos bloquean la acción de la histamina y ayudan a controlar la reacción alérgica, en la que, claro, no hay parásito contra el que luchar.

Además de intentar expulsar o, al menos, impedir la entrada del parásito, las sustancias liberadas por los mastocitos cumplen una segunda tarea. Esta es enviar un mensaje a otras células del sistema inmune, especializadas también en la lucha antiparasitaria, las cuales son atraídas al lugar de entrada del intruso. Entre estas células se encuentran los eosinófilos y los basófilos que, según creo, aparecen entre las células que lista un análisis de sangre. Ahora ya podemos saber que esas células de la lista de nuestro análisis están ahí para algo. Pero no divaguemos. El resultado del reclutamiento de nuevas células al lugar de entrada de la sustancia que nos produce alergia o del parásito es una inflamación, debida no solo a las células que llegan, sino a una mayor permeabilidad de los vasos sanguíneos que dejan pasar líquido a los tejidos en el lugar de contacto con el intruso, y a la liberación por los eosinófilos y basófilos de sustancias destinadas a acabar con él, que también pueden dañar a nuestros propios tejidos y células.

Razones de las alergias

En la reacción alérgica, el sistema inmune de algunos individuos confunde al polen u otras sustancias con un parásito y reacciona en consecuencia. La razón por la cual el polen induce alergias es porque posee algunas moléculas similares a las que los parásitos utilizan para invadir nuestro organismo, que en los individuos sensibles ponen en marcha la reacción de defensa que conduce a la alergia.

Las alergias son un problema de salud que ha ido en aumento. Por ejemplo, en nuestro país vecino, Francia, el barbecho, obligado por las normativas de la política agrícola común, ha generado tierras sin cultivar que permiten el crecimiento de plantas, como la Ambrosía, cuyo polen produce alergias extremadamente graves. En este caso, solo cinco granos de polen por metro cúbico de aire pueden desencadenar una crisis seria de asma en individuos sensibles. Por si fuera poco, sus flores producen miles de millones de granos de polen. Pero, además, hay otros factores. Últimamente consumimos nuevos alimentos, kiwis, piñas tropicales, mangos, etc. que pueden causar alergias en individuos sensibles, aunque el alimento que se lleva la palma en esto de las alergias es el cacahuete. Una casa moderna y bien acondicionada es también muy agradable para los ácaros, esos simpáticos animalillos de los que hablaba al principio, que pueden aumentar su número en ellas. Sin embargo, un factor que puede influir en el aumento de las alergias es, paradójicamente, que cada vez nos cuidamos más. Es decir, el ambiente limpio y aséptico en el que nos gusta vivir, con permiso de los ácaros, impide quizá que desde niños se produzcan respuestas inmunes adecuadas a las agresiones del entorno, puesto que esas agresiones se minimizan. Esto puede causar que nuestro sistema inmune reaccione en exceso contra agentes a los que debería ignorar, causando alergia.

El desarrollo de las alergias parece también aumentar con la edad, por lo que el envejecimiento de la población en años venideros y la expansión de plagas vegetales de difícil erradicación agudizarán esta situación. Afortunadamente, existen ya medios para cuidar e incluso hacer desaparecer esta aflicción y, además, es seguro que los avances realizados gracias a la investigación sobre el funcionamiento y la modulación del sistema inmune pondrán a disposición de todos nuevos medicamentos que aliviarán, o incluso harán desaparecer para siempre este problema.

15 de abril de 2002

Curarse Por Huevos

Los alimentos transgénicos aparecen y desaparecen de vez en cuando de los medios de comunicación. El tema es polémico, como casi todos los temas relacionados con el uso de la biotecnología. Aunque creo que los alimentos transgénicos son seguros, e incluso pueden ser más seguros que los alimentos normales, los animales y plantas transgénicos no solo pueden ser utilizados para la alimentación. Sin embargo, antes de avanzar en este tema, examinemos brevemente, para saber de qué hablamos, qué es un gen y, sobre todo, qué es un transgén.

Ya he hablado muy a menudo de los genes, pero, a efectos de su funcionamiento, me gustaría solo repetir aquí que un gen es una molécula que, en general, contiene la información necesaria para la fabricación por una célula de una proteína, que no es otra cosa que una pieza que funciona con un fin determinado, integrada en un dispositivo celular. Por ejemplo, un gen puede fabricar una proteína implicada en la extracción de energía a partir de la oxidación de la glucosa, o fabricar una hormona, como la insulina. Muy bien, pero ¿qué es un organismo transgénico?

Transgénicos

Todos los organismos poseen un conjunto de genes, un genoma, que han adquirido a lo largo de su evolución como especies. Pues bien, un organismo transgénico sería aquel al que, por medios artificiales, se le incluye un gen que no pertenece a su genoma, o a aquel al que se obliga a que un gen de su genoma funcione de una manera diferente de la normal, más intensamente, por ejemplo. Esto produce el resultado de que el organismo dispone ahora de un dispositivo nuevo o mejorado para hacer frente o aprovechar mejor ciertas condiciones del ambiente. Así, por ejemplo, la soja resistente a los herbicidas dispone de un nuevo mecanismo para hacer frente a un veneno que otras plantas que pueden invadir su cultivo no poseen, y por tanto mueren al ser tratadas con él.

La tecnología de la generación de animales o plantas transgénicos no solo puede utilizarse para producir alimentos. De hecho, el mayor interés de los organismos transgénicos radica en su uso como fábricas biológicas de sustancias terapéuticas. Es el caso de lo que se intenta hacer con las gallinas.

A estas alturas, todo el mundo sabe que las gallinas ponen huevos. De hecho, la gallina de granja, aunque no por medios transgénicos, es una aberración de la gallina silvestre, ya que este animal pone unos 330 huevos al año. Esta propiedad, evidentemente, no es natural, sino resultado de la selección artificial a lo largo de los años de los animales que más huevos ponían. Así se han conseguido razas de gallinas ponedoras extraordinarias.

El caso es que disponemos ahora de verdaderas factorías de fabricación de huevos. Los huevos, además, son depósitos muy ricos de proteínas, ya que un huevo puede contener hasta más de seis gramos de diversas proteínas, lo cual es, en términos biológicos, una gran cantidad. Por estas razones, si fuéramos capaces de conseguir que las gallinas produjeran huevos con proteínas de interés terapéutico –insulina, por ejemplo–, dispondríamos de una enorme capacidad de producción de ese medicamento de forma barata.

Antes que la gallina, otros animales se han convertido en factorías de producción de fármacos biológicos, entre ellos los ratones, a los que se ha logrado convertir en transgénicos para que secreten proteínas en la orina; o vacas, para que secreten proteínas en la leche. La ventaja de las gallinas sobre los ratones es evidente, en términos de cantidad de producción. Las ventajas de las gallinas sobre las vacas o las ovejas son varias. La primera es que la gallina comienza a poner huevos en solo seis meses, mientras que se necesitan muchos más en el caso de la vaca o la oveja para que produzcan leche. Otra ventaja es que la mezcla de proteínas de la clara del huevo es más simple que la mezcla de proteínas de la leche, y separar la proteína que nos interesa del resto de las del huevo es más fácil que separarla del resto de las de la leche.

La gallina de los huevos transgénicos

¿Cómo han conseguido los investigadores producir una gallina transgénica que secrete una nueva proteína en el huevo? El problema de la generación de animales transgénicos es incluir un nuevo gen en su genoma y que este gen esté presente en las células de la línea germinal, es decir, los óvulos y los espermatozoides. Si esto se consigue, al reproducirse estos animales su progenie contendrá el gen en su genoma.

Para conseguir insertar un nuevo gen en el genoma de la gallina, los investigadores han hecho uso de una herramienta que provee la Naturaleza. Esta herramienta no es otra que un virus, en particular, un retrovirus, es decir, un virus de los de la familia del infame virus del SIDA. Los retrovirus, en su proceso de reproducción, son capaces de insertar sus genes en el genoma de la célula infectada. Esto es precisamente lo que queremos lograr con el gen de nuestro interés. Para ello, los investigadores han manipulado el genoma del virus de la leucosis aviar, específico de las aves, para insertarle un gen nuevo. Los genomas de los virus son mucho más fáciles de manipular que los de un mamífero, por supuesto, y podemos quitarles o añadirles genes casi a nuestro antojo.

Una vez manipulado el genoma del virus, se dejó que este infectara a algunas gallinas y gallos. Esta infección no es peligrosa para el animal, ya que el virus también ha sido modificado para que no sea dañino, es decir, el virus se ha modificado para que se inserte en el genoma de la gallina, pero no le cause enfermedad alguna.

En el caso de que el virus haya infectado células de la línea germinal, los descendientes de las gallinas originalmente infectadas contendrán el gen en su genoma. Esos animales son seleccionados y analizados para comprobar si la proteína producida por el gen insertado está presente en los huevos.

Este ha sido el caso y esto son buenas noticias, aunque las malas son que la proteína transgénica aparece en el huevo en muy pequeña cantidad. La razón de esto es que cada gen posee una región reguladora, es decir, una región que regula la cantidad producida de la proteína de la que contiene la información genética. La región reguladora del gen insertado en este caso no es una región reguladora de uno de los genes de las proteínas del huevo, sino una región reguladora de un gen de un virus. Esta región reguladora quizá no funciona demasiado bien. Es de esperar que si se logra insertar un gen cuya región reguladora sea la misma que la de una de las proteínas mayoritarias del huevo, la cantidad de proteína presente en el huevo será mucho más elevada. El problema, sin embargo, puede ser que de los huevos así producidos puedan no desarrollarse los pollitos necesarios para mantener la estirpe de gallinas transgénicas.

En cualquier caso, la experimentación con gallinas transgénicas está en sus albores. Los resultados obtenidos hasta ahora indican que es posible hacer aparecer una proteína nueva en el huevo de gallina, aun en pequeñas cantidades, sin que eso impacte en que del huevo se desarrolle un pollo normal. Subsecuentes trabajos mejorarán sin duda esta situación, consiguiendo huevos fértiles razonablemente ricos en la proteína de interés, que puede ser una hormona, como la insulina, un factor de coagulación necesario para los hemofílicos, un anticuerpo contra el cáncer... Esperemos que así sea para disponer de fábricas de nuevos medicamentos baratos, seguros y al alcance de todos.

22 de abril de 2002

SETI

QUIEN HAYA VISTO la película *Contact* recordará que en ella se narra las peripecias del primer ser humano, una mujer, que contacta con una civilización extraterrestre tecnológicamente mucho más avanzada que la nuestra. Esta película de ciencia-ficción especula sobre lo que podría suceder si el programa SETI tuviera éxito. SETI, siglas en inglés, significa *Search for Extraterrestrial Intelligence*, es decir, búsqueda de inteligencia extraterrestre, lo que hará sonreír a más de uno que infructuosamente haya buscado inteligencia sobre este planeta, sin hallarla.

LOS ORÍGENES DE SETI

La idea del programa SETI comenzó el año 1959 con la publicación en la prestigiosa revista científica *Nature* de un artículo de Giusseppe Cocconi y Phillip Morrison. Este artículo discutía la posibilidad de la existencia de civilizaciones inteligentes y de cómo podríamos ser capaces de detectarlas. Su conclusión fue que la mejor manera de detectarlas sería por medio de las ondas de radio.

La razón de que se llegara a esta conclusión es que las ondas de radio pueden ser generadas sin necesidad de vastas cantidades de energía. Además, nuestra civilización produce ondas de radio y televisión que se escapan al espacio y podrían ser detectadas por alguna inteligencia que las buscara.

Y buscar ondas de radio generadas por una civilización extraterrestre es lo que el proyecto SETI se propuso. Su iniciador fue el investigador estadounidense Frank Drake, quien comenzó con el llamado proyecto Ozma. Este proyecto intentó detectar ondas de radio producidas por supuestas civilizaciones extraterrestres en las estrellas Tau Ceti y Epsilon Eridani. El proyecto SETI continuó con otras búsquedas que tampoco han tenido éxito, claro; desgraciadamente, porque descubrir que no estamos solos, no ya en el universo, sino en nuestra galaxia, sería el mayor descubrimiento de la Humanidad, tras la manipulación del ADN.

La ecuación de Drake

Frank Drake estaba interesado en estimar cuál sería la probabilidad de éxito de su búsqueda. Esta probabilidad depende, por supuesto, de la correcta estimación del número de civilizaciones tecnológicamente avanzadas que podrían existir en nuestra galaxia. Para ello, Frank Drake propuso la siguiente ecuación:

$$N = N^* . FP . NE . FL . FI . FC . FL$$

No se asuste. Vamos a explicar lo que significa cada símbolo y por qué está presente en la ecuación.

N es el número de civilizaciones de la galaxia que podrían comunicarse con nosotros. Ese es el número que queremos estimar mediante los otros factores de la ecuación.

N* es el número de estrellas de la galaxia. Es evidente que el número de civilizaciones tecnológicamente avanzadas en nuestra galaxia depende de ese número. Cuantas más estrellas haya, más probable será que en un planeta que orbite alrededor de una de ellas exista una civilización que sepa generar ondas de radio.

Ahora hacen falta una serie de consideraciones que permitan estimar en cuantas de esas estrellas se desarrolla dicho tipo de civilización. Lo primero que debemos considerar es el número de estrellas con planetas a su alrededor. Ese es el factor fp, que quiere decir fracción de estrellas con planetas.

No en todos los planetas de cada estrella que los posea se desarrollará la vida. Habrá solo un número medio de ellos por estrella. Este es el factor ne, o sea número por estrella de planetas capaces de sustentar la vida.

Pero no en todos esos planetas la vida se desarrollará. Habrá que considerar qué fracción de esos realmente desarrollan la vida. Es el factor fl (*factor life*, vida).

Es obvio que no en todos los planetas en los que finalmente la vida se origine se va a producir vida inteligente. Solo lo hará en una fracción de ellos. Esa fracción es el factor fi (factor inteligencia).

Evidentemente, no en todos los planetas que posean vida inteligente existe una civilización capaz de comunicarse por radio. Al fin y al cabo, solo hace unos cien años que nuestra propia civilización es capaz de esa proeza. Así, pues habrá una fracción de civilizaciones capaces de comunicarse por radio. Es el factor fc (factor comunicación).

Por último, no todas las civilizaciones que han llegado a ese grado de desarrollo están ahí afuera, esperando que las descubramos. Las civilizaciones, como los seres vivos, probablemente mueren tras unos años de vida. El número de esas civilizaciones que coexistan en la galaxia depende de su longevidad. Y ese factor es el factor fL (factor Longevidad).

¿Estamos solos? Probablemente

Armados con esta ecuación, y considerando que puede haber desde doscientos a trescientos mil millones de estrellas en la galaxia que habitamos, podemos hacer estimaciones, limitadas solo por nuestra ignorancia sobre el valor real de los factores de esta ecuación. Para aquellos que quieran entretenerse un poco con esto, les recomiendo que visiten la página Web http://www.activemind.com/Mysterious/Topics/SETI/drake_equation.html, donde, al final de la misma, se encuentra un programa simple que permite elegir el valor de los parámetros y calcular de acuerdo con ellos el número de civilizaciones que podrían ser detectadas. Yo lo he usado, siendo muy generoso con todos los factores, menos con uno.

He supuesto que existen cuatrocientos mil millones de estrellas, es decir cien mil millones más de lo que parece razonable. He supuesto que todas las estrellas tienen planetas a su alrededor, que todas poseen hasta tres de ellos donde puede desarrollarse la vida, que en cada uno la vida se desarrolla y que en cada uno de ellos se desarrolla vida inteligente, por lo menos de inteligencia tan alta como la del más tonto de nuestros peces. Sin embargo, para calcular la fracción de civilizaciones capaces de comunicarse con el exterior he considerado un factor nuevo, no incluido en la ecuación. De este factor hablé antes en otro de mis artículos. Se trata del factor Luna.

Creo que es necesario el efecto de la Luna para producir las mareas que posibiliten la conquista de la tierra firme por la vida, vida que obligatoriamente debe nacer en medio acuoso, en el mar. Considero, además, basado en numerosas evidencias bioquímicas, que sin agua la vida no puede existir. Y considero, por último, que sin la conquista de la tierra firme por los organismos vivos la verdadera inteligencia no puede desarrollarse. Pensemos, si no, en que los animales marinos más inteligentes que nunca hayan salido del mar son los pulpos, mientras que los inteligentes mamíferos marinos son, en realidad, animales que una vez fueron terrestres y que regresaron al agua. Pero fue en la tierra firme donde se desarrolló su inteligencia, o al menos donde esta comenzó a desarrollarse.

Resulta que se sabe hoy que la Luna se originó por una colisión entre la Tierra y un cuerpo del tamaño de Marte que arrancó un buen pedazo de la Tierra que luego se convertiría en nuestro bello satélite. Por esa razón nuestro satélite es tan desproporcionadamente grande con relación al planeta, y afecta tanto a las mareas, lo que no sucede con el resto de los planetas del Sistema Solar. Así pues, la probabilidad de que se desarrolle vida suficientemente inteligente como para que un día descubra cómo emitir ondas de radio depende quizá de una improbable colisión, que suceda además en determinadas condiciones, entre dos cuerpos celestes, lo que solo sucederá en una pequeñísima fracción de las estrellas con planetas. Esto quiere decir que el factor fc de la ecuación de Drake sería extraordinariamente pequeño. Utilizando el factor más pequeño que proporciona el programa que se encuentra en la página Web a la que me refería antes, y siendo tan generoso como he mencionado con los demás factores, la cantidad de civilizaciones de la galaxia que pudieran comunicarse con nosotros ronda la unidad, es decir, la única civilización capaz de comunicarse con otra sería la nuestra. Estaríamos, pues, solos en la galaxia.

Esto es algo deprimente para muchos, que esperan que los extraterrestres lleguen un día para salvarnos de nosotros mismos. Así que para animar el ánimo, valga la redundancia, recomiendo que nos entretengamos viendo las películas *ET* o *Contact* e imaginemos cómo sería un contacto con una civilización extraterrestre, considerando los problemas que tenemos con la inmigración de individuos originarios de otras civilizaciones establecidas por nuestra propia especie en nuestro propio planeta. Claro que me temo que esto no animará tampoco a mucha gente, aunque puede que sí, porque, después de todo, quizá sea mejor que estemos solos en la galaxia.

6 de mayo de 2002

Libertad Robótica

En una obra de reciente publicación, titulada "Se han clonado los dioses", el autor, Daniel Masiac, nos transporta a un mundo futuro en el que se clona a un individuo con la intención de experimentar con él para averiguar las bases neurológicas de la fe religiosa. Durante esta experimentación, la persona clonada pierde la fe con la que artificialmente había sido hecha nacer. Sin embargo, gracias a esa pérdida los investigadores, en efecto, averiguan finalmente en qué consiste. Este descubrimiento les permite, por medio de electrodos microscópicos, estimular las neuronas adecuadas del cerebro humano para lograr que todo aquel que lo desee crea en Dios, sin duda alguna, para siempre. ¿Ciencia-ficción?

Roboroedores

Hace unos días nos sorprendió la noticia de que unos científicos estadounidenses habían logrado controlar a unas ratas a distancia como si fueran robots. La manera en la que lo habían conseguido era, precisamente, mediante la implantación de electrodos en las zonas adecuadas del cerebro de ese roedor. La técnica es fácil de comprender. Los investigadores habían ya descubierto qué zonas del cerebro se ponen en funcionamiento cuando los bigotes de la rata son estimulados por contacto. Los bigotes de estos animales son muy importantes para su orientación y les sirven de guía. Así, si colocamos un electrodo en la zona del cerebro que se pone en funcionamiento cuando los bigotes derechos son estimulados y otro electrodo en la zona que es estimulada por los bigotes izquierdos, estamos consiguiendo un *bypass* de bigotes. Es decir, la rata así estimulada "creerá" que sus bigotes tocan algún objeto cuando en realidad no tocan nada. De esta manera, la rata puede recibir, a voluntad de los investigadores, estímulos que indican una dirección, izquierda o derecha.

Sin embargo, esto no es suficiente para convencer a la rata a que se mueva en la dirección deseada. Para ello hace falta otro truco más: la implantación de un electrodo en el centro cerebral del placer. Ahora estamos listos para condicionar a la rata y lograr que se mueva según nuestra voluntad. Estimulamos, por ejemplo, la zona cerebral del bigote izquierdo. Si la rata se mueve hacia la izquierda, le suministramos una pequeña descarga en el centro del placer, con lo que el animal puede llegar a sentir la sensación de un orgasmo, según la intensidad de la estimulación recibida y la zona cerebral precisa donde se suministre, lo que sin duda es un estupendo premio por su obediencia. Si la rata no se mueve o se mueve en la dirección que no queremos, no le suministramos descarga alguna al centro del placer, con lo que el animal no siente nada. Poco a poco, sin castigarla nunca, la rata aprende que cuando siente que su bigote izquierdo es estimulado y gira hacia la izquierda, recibe una sensación placentera, pero si no lo hace no la recibe. Lo mismo sucede si siente que su bigote derecho es estimulado y gira hacia la derecha. Pronto, la rata, que no es tonta, aprende a moverse hacia las direcciones que le van a proporcionar más placer en su vida (exactamente como hacemos nosotros siempre que podemos). Así, estos animales pueden ser utilizados como pequeños robots para ser dirigidos en la realización de tareas de rescate, dicen, o de búsqueda de explosivos, por ejemplo.

Tres décadas de electromanipulación

Estos estudios, que la prensa presenta como pioneros, en realidad, no lo son. Según creo recordar, en el tiempo de mi tierna infancia, el investigador español José Delgado ya experimentaba con el efecto de la estimulación cerebral directa mediante electrodos. Este científico, que trabajaba en los Estados Unidos como casi todo español que ha logrado hacer algo decente en ciencia tras nuestra Guerra Civil, publicó varios artículos sobre este tema hacia el final de los años sesenta. De hecho, creo que en uno de sus experimentos incluso consiguió detener a un toro en su embestida mediante radio estimulación de los electrodos que previamente le había implantado en el cerebro. También fue capaz de manipular la agresividad de primates mediante la misma técnica, y eso en un tiempo en el que no se conocían con detalle las áreas cerebrales involucradas.

No conozco la razón de que estas investigaciones hayan sido enterradas hasta ahora, que parecen resurgir con el asunto de esas ratas robotizadas, pero mucho me temo que una de las razones de este enterramiento es que no es agradable enfrentarse a las cuestiones que suscitan, tanto éticas, como filosóficas. Si se puede controlar la voluntad de un animal mediante electrodos, ¿podrá también controlarse la nuestra? Si es así, ¿qué es exactamente la libertad de la que creemos disfrutar? ¿Depende esta de la estimulación o funcionamiento de nuestras neuronas? Desde luego, si esto es cierto, habrá que revisar lo que ser libre significa. ¿Será nazi la neurociencia?

Neuroética

En la era de la genómica y clonaciones, de células madre y terapia génica, parece que las únicas cuestiones éticas dignas de ser exploradas son las derivadas del empleo de esas tecnologías. Sin embargo, no es este tipo de biotecnología el que más amenaza a la dignidad y libertad humanas. En mi opinión, es la investigación en neurociencias la que, con todas las promesas terapéuticas que conlleva, puede también convertirse en un enorme peligro para la dignidad humana, sin mencionar la dignidad animal, en la que yo, al menos, también creo.

Desgraciadamente, para modular nuestra conducta y acabar con nuestra supuesta libertad no hace falta que se implanten electrodos en aquellos individuos, siempre escasos, que disfruten de la posesión de un cerebro funcional. La investigación sobre el cerebro está siendo ya utilizada, por ejemplo, para mejorar los efectos de la publicidad. Algunos neurocientíficos están colaborando con agencias de publicidad para encontrar qué estímulos deben sernos comunicados y de qué manera para que nuestra memoria los retenga por más tiempo y mejor y recordemos así la marca deseada, y no la competidora. Y es que la tendencia a la manipulación del vecino para lograr su obediencia y anular su individualidad es una de las patologías más extendidas en la especie humana, que el conocimiento profundo del funcionamiento cerebral puede exacerbar, en lugar de ayudar a erradicar.

Sin duda, la tecnología electroneuronal –llamémosla así–, una vez desarrollada, puede utilizarse con fines escalofriantes. Se pueden imaginar muchas cosas. Sin duda, se puede imaginar un ejército, o un comando al menos, de soldados con sus cerebros controlados a distancia para evitar sentir miedo, o dolor, o hacer que cometan actos que la ética o la humanidad que pudiera quedarles tras el entrenamiento militar aún impediría, en algunos casos. También puede imaginarse que nuestras creencias más íntimas puedan un día ser manipuladas, o incluso implantadas, mediante electrodos desde nuestro nacimiento, con el consentimiento ¿libre? de unos padres que quieran ahorrarse tiempo y esfuerzo en lograr la perfecta "educación" de sus hijos. Esto no es ciencia-ficción; está ya al alcance de los países más desarrollados, los cuales, si queremos ser optimistas, disponen de un sistema de valores éticos que dificultará la experimentación en esa línea, siempre que seamos vigilantes (si nos dejan y no nos manipulan para no serlo).

Si la investigación sobre la estimulación neuronal directa tiene indudable interés médico para solucionar problemas de la gravedad de la parálisis y algunos tipos de sordera o de ceguera, es también cierto que esta tecnología debe ser regulada. Si la clonación o la terapia con células madre plantea el problema de si se abusa o no de la dignidad de un mero conjunto de células, aunque muchos las consideren ya un ser humano, no hay duda de que la manipulación del cerebro, el segundo órgano favorito del cineasta Woody Allen, puede atacar a la libertad y dignidad de seres humanos no ya en potencia, como un embrión, sino hechos y derechos, como usted. Resulta preocupante que este tema no sea considerado como se merece por los expertos o consejeros en bioética. Puede que una de las razones para ello sea el rechazo consciente o inconsciente, de que, en efecto, podamos ser manipulados mediante estímulos físicos y que nuestra libertad no sea sino una bonita ilusión. Sin embargo, negar esa realidad es la mejor manera de no lograr preservar ni lo poco de la preciosa libertad que podamos tener. Por esta razón, creo que la investigación en neurociencias debe ser, al menos, tan estrictamente regulada como la investigación en células madre y la clonación y todas aquellas instituciones que se dediquen a ella deberían disponer de un comité de ética independiente que evalúe la pertinencia científica o médica de estos estudios.

13 de mayo de 2002

Magnéticamente

En la película *X-men*, mutantes buenos se enfrentan a mutantes malos para evitar que estos últimos controlen a la Humanidad. El jefe de los mutantes buenos, el profesor X, tiene el poder de leer e incluso influir en las mentes de las personas. El malo, Magneto, tiene el poder de controlar los campos magnéticos, pero nada puede hacer para influir en las mentes de los demás.

La ciencia moderna está aportando pruebas que indican que las capacidades de los mutantes protagonistas de los *X-men* tenían que haber sido justo al contrario. Si la semana pasada hablábamos de que electrodos implantados en el cerebro de ratas podían controlar su comportamiento, la ciencia ha demostrado igualmente que no es necesario tocar el cerebro para influir en su actividad. No es necesario tocar el cerebro para influir en nuestra voluntad. Campos magnéticos de intensidad y duración determinada pueden influir sobre la actividad cerebral de las personas y animales. La aplicación de campos magnéticos al cerebro se ha convertido en una herramienta importante para la investigación de las funciones cognitivas.

Zonas cerebrales y funciones mentales

Hasta no hace mucho tiempo, el estudio de la función de las distintas áreas del cerebro dependía del suministro de pacientes que habían sufrido algún daño cerebral por hemorragias u otras causas. Los neurocientíficos y neurólogos estudiaban la deficiencia funcional de esos pacientes y la correlacionaban con el daño sufrido en áreas determinadas de sus cerebros. Así se descubrió, por ejemplo, que el cerebro almacena nombres y verbos en áreas cercanas, pero diferentes, e incluso sustantivos que se refieren a objetos de dentro o de fuera de casa en áreas también distintas. En este sentido, fue importante el estudio de una paciente que había sufrido un micro derrame cerebral que le impedía pronunciar verbos, aunque no sustantivos. Esta paciente podía pronunciar la palabra "estrella" en la frase "hay una estrella en el cielo", pero no podía pronunciarla en la frase "el avión se estrella", es decir, según la palabra "estrella" funcionara como un nombre o como un verbo, el cerebro de la paciente la identificaba y daba o no "permiso" para pronunciarla. Por sorprendente que pueda parecer, el daño cerebral de esta paciente impedía a su cerebro dar permiso para pronunciar verbos.

El problema de basarse solo en determinados pacientes para estos estudios es que el científico se encuentra a merced de la Naturaleza, es decir, a merced de que se produzcan lesiones específicas en cerebros de muchas personas y que estas puedan ser estudiadas. Por otra parte, no es seguro que en estos casos se pueda establecer una relación causal. En otras palabras, el daño en un área del cerebro no tiene por qué ser la causa directa de la disfunción o anomalía que se observa en el paciente, puesto que los circuitos interneuronales son tan complicados que la región dañada podría afectar a la función de otra región cerebral que realmente fuera la responsable de la anomalía observada en el comportamiento del paciente. Sería pues mucho mejor si se pudiera influir a voluntad en el funcionamiento de determinadas áreas cerebrales para estudiar el efecto que esto produce en individuos lo más normales posible. Esto es, en principio, difícil, porque hay pocos voluntarios "normales" dispuestos a que les abran la cabeza para que les manipulen lo que les quede de cerebro.

HERRAMIENTAS MAGNÉTICAS

Por descontado, no hace falta llegar a tales extremos. La aplicación de campos magnéticos intensos y de duración limitada a distintas áreas del cerebro permite infligir una lesión virtual al área cerebral elegida de voluntarios, en principio, normales, (aunque uno tiene todo el derecho del mundo de plantearse si una persona que se ofrezca voluntaria para este tipo de experimentos es o no normal). El estudio de la modificación conductual de individuos voluntarios permite extraer conclusiones sobre si el área magnetizada está o no implicada en una determinada función. De esta manera, se ha confirmado recientemente por un equipo investigador de la Universidad de Harvard que, en efecto, nombres y verbos se encuentran almacenados en áreas diferentes de nuestros cerebros.

Además de estos, se están realizando otros experimentos para estudiar la conciencia visual, es decir, qué parte de nuestros cerebros funciona para hacernos conscientes de que vemos lo que vemos. Algunos pacientes que han sufrido daño en determinadas zonas de su cerebro implicadas en la visión son capaces de ver, pero no se dan cuenta de que están viendo, es decir, son ciegos no porque sus ojos no vean, sino porque su cerebro no se da cuenta de que ve. Es la propia consciencia la que está afectada en estos casos. Escalofriante, ¿no?

La técnica de aplicación de campos magnéticos al cerebro está también siendo evaluada como herramienta terapéutica para corregir ciertos problemas neurológicos, e incluso para mejorar la capacidad de resolver determinados problemas, como hacer un puzle, o mejorar la memoria.

La ética de la magnética

Por supuesto, los usos y potenciales de esta técnica no están exentos de debate. Algunos sospechan que este tipo de experiencias es perjudicial para los cerebros de los voluntarios que se someten a ellas, y que habría quizá que realizar estudios en animales antes de aplicar esta técnica a la experimentación con individuos supuestamente humanos.

Otros van más allá y cuestionan la validez ética de estos experimentos. Por supuesto, ser capaces de influir en la mente de las personas a distancia es un asunto muy serio, hasta ahora solo monopolio exclusivo de los medios de comunicación. Los magnetos, perdón, magnates de la comunicación no estarán muy contentos de ver peligrar su influencia.

Bromas aparte, es cierto que esta técnica, como todo en ciencia y tecnología, puede ser un arma de doble filo. Por mi parte, no tengo dudas de que los científicos involucrados con estas investigaciones tienen la mejor de las intenciones, al igual que aquellos que investigaron sobre el carbunco, ántrax para los anglófonos, con la intención de conseguir vacunas más eficaces y no fabricar armas de destrucción masiva, como en efecto ha acabado sucediendo. Aunque la probabilidad no es, quizá, demasiado grande, existe el peligro de que esta tecnología pueda convertirse en un arma de manipulación masiva.

Por otra parte, el uso de esta tecnología plantea nuevas cuestiones nada menos que sobre la experiencia religiosa. El investigador canadiense Michael Persinguer ha sido capaz de inducir experiencias místicas en cerebros de personas no religiosas aplicando campos magnéticos. Según este investigador, la activación o inhibición de determinadas áreas cerebrales es la responsable de la experiencia de la supuesta disociación alma-cuerpo y otras experiencias de tipo religioso. Este investigador y sus colaboradores van más allá y sugieren que variaciones en el campo magnético terrestre que se originan en determinadas áreas, por ejemplo cerca de algunas minas o cuando se producen movimientos telúricos, son las responsables de las experiencias de apariciones de platillos volantes, o de la propia Virgen María, que algunas personas, posiblemente demasiado susceptibles a la influencia de esos cambios en la intensidad magnética, dicen ver. Este investigador ha llegado a comparar la cartografía de la frecuencia de terremotos con los informes de apariciones y ha llegado a la conclusión de que coinciden en un grado superior al que la casualidad haría esperar. Así que, si esto es cierto, puesto que los terremotos tienen que ver con la formación de montañas, podemos decir que la fe mueve montañas, y también que las montañas mueven la fe. Maravillas de la ciencia.

Dejo aquí a la reflexión del lector o lectora si le parece bien o no que la ciencia avance por este camino. Yo me atrevo a mojarme y, como para todo en ciencia, creo que hay que ser vigilante para intentar potenciar lo bueno y evitar lo malo que todo progreso tecnológico pueda aportar. Para ello, lo mejor es estar informado de lo que está sucediendo, y es que alguien dijo que hay tres tipos de personas: las que hacen que las cosas sucedan, las que ven cómo las cosas suceden y las que preguntan ¿qué pasó? Hay un cuarto tipo, me atrevo a decir: las que intentan impedir que las cosas sucedan. Evitemos ser del tercer y, en lo referente a la ciencia, por supuesto del cuarto tipo y seamos, al menos, del segundo para poder influir de manera informada y positiva en el desarrollo de las cosas, aunque sea ya bastante complicado.

20 de mayo de 2002

¿Cura Para El Alzheimer?

Una de las paradojas de la medicina moderna es que cuánto más éxito logra en alargar la vida humana más graves son los problemas causados por enfermedades propias del envejecimiento. Entre las muchas enfermedades degenerativas, la enfermedad de Alzheimer es un ejemplo de los más relevantes. ¿Qué causa esta enfermedad de la que se habla más y más a medida que envejecemos? ¿Existe la posibilidad de una cura antes de que nos hagamos viejos, los que creemos que aún no lo somos?

No somos nada

El neurólogo alemán Alois Alzheimer describe en 1907 la enfermedad que lleva su nombre. La enfermedad de Alzheimer representa el setenta y cinco por ciento de todas las demencias seniles. La progresión de sus síntomas está muy bien caracterizada. En primer lugar, aparecen problemas de memoria. El enfermo no se acuerda de dónde ha dejado aparcado el coche, o dónde está el cuarto de baño de su casa, confunde el día con la noche, se olvida de fechas importantes, como su aniversario de bodas (aunque eso también sucede a muchos hombres sin Alzheimer). Más tarde aparecen problemas de lenguaje; el enfermo no encuentra las palabras para expresarse adecuadamente.

Aproximadamente cuatro años después de la aparición de los primeros síntomas, surgen deficiencias mentales más graves. El enfermo, poco a poco, pierde contacto con la realidad. Por ejemplo, cree que el mando a distancia de su televisión es su máquina de afeitar. Progresivamente, el paciente olvida lo que, como adulto, toda su vida ha conocido y va perdiendo su propia identidad. En este estado de cosas, por si fuera poco, el enfermo comienza a sufrir trastornos motores. No puede abrir una puerta o mucho menos vestirse o atarse los zapatos. El paciente acaba sus días como los empezó: sin conocer nada del mundo y necesitando el cuidado constante de un adulto que tiene que cambiarle los pañales.

Horroroso panorama. Y no solo porque de caer enfermos de esta terrible enfermedad debamos depender de alguien, sino porque, cuando se llega a esa situación, ni siquiera sabemos ya quiénes somos. Esta enfermedad supone una muerte lenta que sobreviene, en realidad, antes aun que la muerte física. El enfermo es posiblemente espectador, al menos por un tiempo, de la disolución progresiva de sus memorias, de sus sentimientos, de su propia identidad, de su propio yo. Pocas formas de morir son más horribles que esta, si es que hay alguna que se le aproxime.

ENFERMEDAD MOLECULAR

Como todas las enfermedades (los accidentes y traumas físicos no son enfermedades), la enfermedad de Alzheimer tiene, en su raíz, una causa molecular. En este caso, se cree que existen tres proteínas implicadas en la misma: la proteína precursora amiloide, la proteína tau y la apolipoproteína E. ¿De qué manera están estas moléculas implicadas en la enfermedad?

Al igual que las demás proteínas, las tres proteínas anteriores están producidas por sus genes, que pueden tener variantes o sufrir mutaciones o cambios. Estos cambios pueden, a su vez, producir proteínas que difieren de las normales o pueden resultar en un exceso de producción de la proteína. Ambas cosas pueden causar la enfermedad.

Si se produce demasiada proteína precursora amiloide, esta tiende a ser también eliminada más rápidamente para mantener su cantidad más o menos constante. En el proceso de su eliminación, la proteína es cortada en trozos denominados péptidos. Desgraciadamente, uno de esos péptidos, el beta amiloide, es tóxico para las neuronas si es producido en grandes cantidades. Este péptido tiende a agregarse consigo mismo y forma placas, llamadas placas amiloides, que afectan al funcionamiento neuronal. La proteína amiloide no se acumula solo en el cerebro. Existe una enfermedad, denominada amiloidosis, que se produce por depósitos amiloides en los riñones, el hígado, el corazón u otros órganos. Aunque existen diferencias entre el Alzheimer y la amiloidosis, ambas enfermedades guardan similitudes.

La proteína denominada tau tiene que ver con la organización de unas estructuras en el interior de las neuronas llamadas microtúbulos que, como su nombre indica, parecen tuberías muy pequeñas. Estas tuberías tienen como misión transportar elementos nutritivos por toda la neurona. Si la proteína tau no funciona correctamente, debido a una mutación, o se produce en exceso –lo que puede suceder en los enfermos de Alzheimer–, la red de tuberías se desorganiza. Los nutrientes no son transportados correctamente y la neurona muere. Sin embargo, el exceso de proteína tau que puede detectarse en el fluido cefalorraquídeo puede ser debido a la destrucción neuronal causada por la proteína amiloide y, por tanto, la proteína tau podría no estar implicada en la enfermedad.

Además de estas dos proteínas cerebrales, una proteína del plasma, la apolipoproteína E, involucrada en el transporte de las grasas, parece también afectar el desarrollo de la enfermedad. Esta proteína posee tres variantes. Si hemos heredado la variante llamada E4 de uno de nuestros padres, tenemos un riesgo cuatro veces superior a la media de desarrollar la enfermedad de Alzheimer. Si la hemos heredado de los dos progenitores, nuestro riesgo será veinte veces superior a la media. Además, la variante E4 también está relacionada con una mayor incidencia de enfermedad cardiocoronaria. En el caso de su participación en la enfermedad de Alzheimer, parece que esta proteína tiene que ver con el transporte de grasas necesarias para la regeneración neuronal y participa también en la eliminación del péptido beta amiloide. La variante E4 es menos eficaz que las otras dos en estas tareas.

Terapias moleculares

A la velocidad que aumenta la esperanza de vida, aumenta también la desesperanza de contraer la enfermedad, ya que su desarrollo es más probable cuanto más avanzada es la edad. Por esta razón, la enfermedad de Alzheimer puede convertirse en un problema social de primera magnitud de no ponerle remedio a tiempo. En este momento, no existe cura para esta enfermedad, aunque, gracias a los esfuerzos de la investigación, medicamentos de reciente aparición ponen freno a su progreso. Entre los principios activos de los medicamentos anti Alzheimer tenemos la tacrina, el donezepil y la rivastigmina, todos ellos aparecidos en la última década y todos ellos eficaces en mayor o menor grado contra la enfermedad, ayudando al enfermo a mantener por más tiempo sus funciones mentales, aunque sin llegar a curarlo.

La investigación encaminada a conseguir una cura para esta enfermedad está consiguiendo importantes avances. Por ejemplo, estudios realizados con una sustancia, denominada clioquino indican que este fármaco ha sido capaz de disolver las placas amiloides en ratones enfermos y curarlos. La manera en que esta sustancia funciona es capturando átomos de metales pesados que parece que tienen también que ver con la formación de la placa amiloide. Sin esos átomos de metal la proteína amiloide no puede agregarse y la placa no se produce. Por esta razón, se espera que las pruebas en pacientes den resultados tan buenos como los encontrados en ratones, lo que si todo va bien se sabrá en el curso de este mismo año. Sin embargo, una vacuna terapéutica que había sido probada en ratones con resultados espectaculares no ha producido los mismos resultados en los pacientes. La vacuna se basaba en que el paciente produjera anticuerpos que se unieran a una parte específica de la proteína amiloide e impidiera su agregación. El problema surgió cuando los pacientes que desarrollaron los anticuerpos desarrollaron también inflamación cerebral probablemente debida a una respuesta inmune descontrolada contra la proteína amiloide presente en exceso en el cerebro.

Afortunadamente, esta mala noticia se ha visto compensada con otra buena. Una nueva sustancia, llamada CPHPC, se ha podido fabricar modificando sutilmente sustancias que se sabía se unían a la proteína amiloide. El CPHPC es una sustancia con dos brazos. Cada uno de ellos es capaz de capturar una molécula de proteína amiloide y este agregado, con sus dos moléculas amiloides unidas, es soluble, por lo que pasa a la sangre y es destruido por el hígado. Ensayos clínicos realizados con pacientes de amiloidosis han dado muy buenos resultados. Se espera ahora comenzar los estudios con enfermos de Alzheimer, con la esperanza de que este compuesto también sea efectivo contra esta enfermedad. Si, de todas formas, no lo fuera, al menos se tendría la posibilidad de fabricar nuevos fármacos similares al CPHPC con la esperanza de que sí sean eficaces contra el Alzheimer.

Así, poco a poco, la investigación científica y médica va abriendo nuevos caminos y abandonando los que no conducen por la buena vía. Tengamos la seguridad de que, si este esfuerzo continua, es posible que la cura de un buen número de casos de esta enfermedad esté al alcance de la mano o, mejor dicho, al alcance del cerebro de los investigadores y pacientes, en tan solo unos pocos años, antes de que nos hagamos demasiado viejos, lo que, entre otras ventajas, al menos permitirá que muramos siendo nosotros mismos.

27 de mayo de 2002

De La Manzana De Newton a Los Neutrones De Nasvizhevsky

Cuenta la historia, o tal vez la leyenda, que a Sir Isaac Newton se le ocurrió la teoría de la gravitación universal al caerle en la cabeza una manzana cuando dormía la siesta, no debajo de un peral, precisamente. La teoría gravitatoria que derivó del golpe de la manzana sobre la cabeza del insigne científico explicaba bastante bien el movimiento de los planetas y satélites y la caída de los cuerpos, y era capaz, además, de predecir ciertos acontecimientos astronómicos, como los eclipses, por ejemplo. La teoría de Newton suponía que los cuerpos en nuestro universo se atraían con una fuerza, de origen misterioso, que era tanto mayor cuanto mayores fueran las masas de los cuerpos en cuestión y que disminuía conforme aumentaba el cuadrado de la distancia entre ellos.

Sin embargo, algunos problemas derivados de observaciones cada vez más precisas del movimiento de los planetas vinieron a poner en duda la exactitud de la teoría de Newton. Para resolver estas inconsistencias, hubo que esperar al trabajo de Albert Einstein. Su teoría de la relatividad general eliminaba las fuerzas misteriosas y las sustituía por la curvatura del espacio-tiempo ejercida por cualquier masa del universo. En esta teoría, las masas curvaban el espacio a su alrededor, lo que explicaba que las trayectorias de cuerpos bajo su influencia fueran también curvas. Esta teoría explicaba mejor que la de Newton el movimiento observado de los cuerpos en el espacio, porque tenía en cuenta hasta las trayectorias curvadas que la luz, necesaria para toda observación, seguía por el espacio-tiempo curvo cercano a las masas. La teoría de Einstein ha sido confirmada por numerosas experiencias derivadas de la Astronomía y de la Física de partículas elementales, y parece bastante sólida.

Pero bastantes años antes de que Einstein muriera, otra teoría vino a poner en cuestión algunas de las suposiciones de la suya. Se trata de la teoría cuántica, derivada de observaciones realizadas con partículas elementales, como neutrones y electrones. Mientras que las teorías de Newton y Einstein predicen que es posible conocer en todo momento la posición y velocidad de los cuerpos que se mueven por el espacio o el espacio-tiempo, las observaciones del comportamiento de las partículas elementales, de las que se deriva la teoría cuántica, indica que eso no es posible. Además, la teoría cuántica indica que las partículas no pueden moverse de un sitio a otro del espacio en un continuo, sino que se mueven de forma discontinua, como a saltos que están relacionados con sus estados posibles de energía. Todo esto se ha determinado sin ningún género de dudas para partículas sometidas a fuerzas diferentes de la gravitatoria, pero esta fuerza ha resistido hasta ahora a la determinación de si sus efectos son o no cuánticos también.

La razón de que haya hecho falta esperar tanto tiempo es que para determinar si la fuerza gravitatoria tiene naturaleza cuántica se debía construir un aparato que pudiera estudiar movimiento de partículas elementales independientemente de cualquier fuerza exterior, excepto la gravitación. Esto es extremadamente difícil, pero tamaña proeza técnica ha sido conseguida por el físico de origen ruso Varely Nasvizhevsky, siguiendo las ideas de su colega Vladislav Luschikov.

En el Instituto Lave-Langeun de Grenoble, en Francia, Valery ha logrado construir un aparato capaz de detectar las trayectorias de neutrones súper fríos, es decir, de neutrones que se mueven muy lentamente, cuando están sometidos solo a la fuerza del campo gravitatorio terrestre. Como los neutrones no tienen carga eléctrica, son las partículas ideales para aislarlas de los efectos de las demás fuerzas del universo.

El principio de la máquina de Valery es simple. Consiste en hacer que los neutrones súper fríos reboten sobre una especie de mesa como si se tratara de minúsculas pelotas de ping pong. Lo que se quiere determinar son las trayectorias de rebote de esas partículas cuando están sometidas solo a la fuerza gravitatoria. Si lo hacen igual que lo harían pelotas de ping pong de tamaño normal, la gravitación no sería de naturaleza cuántica. Si lo hacen de forma diferente…. quizá sí.

El aparato de Valery Nasvizhevsky ha podido determinar que las trayectorias de los neutrones en esas condiciones no son continuas, es decir, no siguen una trayectoria parabólica, como lo haría una pelota de fútbol o de tenis bajo la influencia gravitacional. Al contrario, las trayectorias de los neutrones son discontinuas e impredecibles tomadas una a una, lo cual es característico de los fenómenos cuánticos.

El resultado de esta experiencia puede interpretarse pensando que el espacio posee una naturaleza similar a la de una escalera, de escalones muy, muy, pequeños. De hecho, los escalones son tan pequeños que mirada sin un microscopio cuántico, si tal instrumento existe, la escalera parece una rampa lisa. Si ponemos un cuerpo grande sobre dicha rampa-escalera, como una manzana o una pelota de ping pong, este se mueve homogéneamente, como si, en efecto, se desplazara sobre una rampa lisa. Su trayectoria y posición son predecibles en todo momento por la mecánica clásica. Sin embargo, si colocamos sobre la rampa-escalera una partícula suficientemente pequeña, esta cabe en los escalones de la misma y se desplazará sobre ella moviéndose de escalón en escalón. Además, por su pequeño tamaño, la partícula puede caer un escalón, o dos, o subirlos, como di fuera por los efectos de las turbulencias del aire, por ejemplo. En otras palabras, no podremos predecir qué hará la partícula el instante siguiente al que la hayamos observado.

La experiencia realizada por el científico ruso abre nuevas perspectivas a la Física que, según muchos, estaba muerta como ciencia ya hacia finales del siglo XIX. La conclusión que se ha obtenido de dicha experiencia es crucial: la única fuerza del universo cuya naturaleza quedaba por determinar es también de naturaleza cuántica y Einstein estaba, en este caso, equivocado. Ahora, se hace necesario elaborar una teoría cuántica de la gravitación que explique y prediga el comportamiento de los cuerpos en el espacio, independientemente de su tamaño. ¿El ultimo desafío de la Física?

17 de junio de 2002

Esto Es De Risa

Se ha intentado identificar las propiedades que definen al ser humano como único entre el resto de las especies de animales. Sin duda, una de las más llamativas características de nuestra especie es que somos capaces de reír, y de hacer reír, y esto último en más de un aspecto.

La ciencia, quizá la más humana de las actividades, aunque a muchos les pese, no respeta nada y lo estudia todo, y la risa es también objeto de estudio científico. Pero, no se ría, esta ciencia de la risa es cosa seria, ya que averiguar por qué nuestra especie ha desarrollado la capacidad de reír, o descubrir por qué algunas situaciones o historias nos hacen reír, mientras que otras –demasiadas aún– nos hacen llorar, es importante para aumentar la comprensión de nosotros mismos, y tiene implicaciones en salud mental.

La risa se puede estudiar desde diversos puntos de vista. Uno de ellos es el punto de vista evolutivo. ¿Por qué ha desarrollado nuestra especie la capacidad de reír? ¿Qué mensaje enviamos a nuestros congéneres cuando reímos? En otras palabras, ¿por qué no nos reímos en silencio, en lugar de emitir sonidos específicos, de frecuencia y ritmo determinados que todas las culturas identifican como risa?

Teorías de risa

Existen varias teorías sobre esto, pero la más extendida es que la risa es un mecanismo de cohesión social, es decir, la risa habría surgido como consecuencia de nuestra evolución como animal social, forzada por la necesidad de cooperación entre individuos para asegurar mejor su supervivencia. Entre los datos que apoyan esta teoría se encuentra nuestra capacidad para reírnos de lo diferente, de lo excéntrico, sobre todo durante la infancia. Así, los niños pueden reírse cruelmente del compañero que lleva gafas, que es más gordo de lo normal, o que tiene las orejas demasiado grandes. La risa es un mensaje que indica al que la sufre que es identificado como diferente, y que es mejor que cambie si quiere ser considerado miembro de pleno derecho del grupo.

Así, la risa serviría de elemento de cohesión de grupo y reírse en grupo es, de hecho, unas treinta veces más común que reírse solo. Además, probablemente, cuando nos reímos solos es, muchas veces, al recordar alguna situación graciosa que hemos vivido en compañía. Incluso el gas de la risa, el óxido nitroso, pierde buena parte de sus propiedades si se inhala en soledad.

Otro de los hechos que demuestran el papel social de la risa es que en la oficina todos se ríen de las gracias del jefe, que tiene la mala costumbre de contar malísimos chistes de los que hay que reírse a toda costa. Está demostrado que los jefes usan más el humor que los subordinados. De esta manera, los jefes ejercen parte de su poder influyendo en el estado emocional de los subordinados de forma que el grupo se mantenga más unido. Sin duda, un ambiente risueño hace más agradable el trabajo y más fácil aceptar las diferencias personales.

Estudios encaminados a averiguar qué regiones cerebrales están involucradas en la risa han puesto de manifiesto que la risa implica la activación de muchas regiones del cerebro. El electroencefalograma de individuos que se ríen muestra la producción de un patrón eléctrico cerebral determinado que no se produce si el chiste es tan malo que no hace reír. Por otra parte, se ha visto que la risa involucra también habilidades mentales similares a las necesarias para resolver problemas.

Esto indica que el individuo que se ríe de una situación o una historia la ha analizado y ha llegado a una solución o final esperado que resuelve el problema propuesto por la situación. Pero es la aparición de una incongruencia, de una solución inesperada, la que provoca la risa. Esto constituye la base de la teoría de la incongruencia como base de la risa. Esta teoría, sin embargo, no es sino una variación de la teoría de la risa como elemento de cohesión social, puesto que es necesario identificar posibles incongruencias para mantener los grupos más cohesionados, es decir, reírnos de las incongruencias es de esperar si la risa posee como finalidad enviar un mensaje a los individuos del grupo para mantener la cohesión social.

ALIVIO SOCIAL

Por último, otra de las teorías que intenta explicar el origen de la risa es la que postula que la risa surgió como un mensaje de alivio para el resto del grupo tras el paso de un peligro. En apoyo de esta teoría se encuentra el hecho de que es fácil hacer reír a un niño pequeño dándole un susto y haciéndole comprender después que el susto es broma, que no hay peligro. Evidentemente, los bebés no se ríen de los chistes del jefe o jefa de la casa, pero sí parecen reírse del amago de peligro. Reírse al verse alejar el peligro puede ser un mensaje agradable para los compañeros del clan, que libera la ansiedad acumulada, y realza el valor de estar unidos. Es posible que si este es el origen de la risa, esta, una vez surgió, encontrara también otros usos sociales, como los que hemos mencionado más arriba. Al fin y al cabo, los dedos de las manos no solo surgieron en la evolución para que algunos puedan tocar la guitarra. En otras palabras, una vez aparece algo por alguna razón determinada, puede encontrar otras utilidades.

Sea como sea, lo que está claro hoy es que la risa es muy saludable. La capacidad de reírse es importante para hacer frente a enfermedades o problemas serios. Los investigadores están encontrando que la risa influye positivamente sobre nuestro sistema inmune. La risa disminuiría los niveles de las hormonas producidas por el estrés. Estas hormonas poseen la capacidad de suprimir o, al menos, inhibir parcialmente la respuesta inmune ante los patógenos externos, además de aumentar la presión sanguínea y el número de plaquetas, que pueden obstruir las arterias, con el consiguiente aumento del riesgo de enfermedades cardiovasculares. Por el contrario la risa aumenta la producción de hormonas que activan el sistema inmune, lo que puede ayudar a eliminar las infecciones, e incluso el cáncer.

Por estas razones, reírse todos los días es un buen ejercicio que todos deberíamos intentar hacer. Para ello, recomiendo que el lector estudie qué es lo que más le hace reír, y lo practique tan frecuentemente como le sea posible. Una palabra de advertencia, sin embargo: hacerse cosquillas uno mismo no funciona; no se sabe aún por qué. Esto refuerza la teoría de la función social de la risa, y es una gran suerte que sea así porque es mucho más divertido hacerse cosquillas uno a otra u otro que uno solo. Que ustedes se rían bien.

15 de julio de 2002

Sahelanthropus

Uno de los descubrimientos recientes que ha tenido cierto impacto en la comprensión de la historia evolutiva de la especie a la que pertenece el lector o lectora ha sido el hallazgo, en el Chad, del fósil de una nueva especie de homínido, *Sahelanthropus tchadensis*, que data de entre seis y siete millones de años de antigüedad. ¿Qué tiene esto de importante para la vida cotidiana? Absolutamente nada, excepto si a usted le interesa conocer cómo vivían y qué aspecto tenían sus ancestros. Espero que sea usted de estos últimos (lectores, no ancestros).

Gorilas y chimpancés

Mucha gente sabe hoy que el gorila y el chimpancé son simios, algo parecidos entre sí. De hecho, aunque esas especies se parecen a nosotros en algunas cosas –sin importancia las más, piensan muchos– porque comparten solamente con nosotros más del 97% de sus genes, nadie diría que esas especies guardan más similitud con los humanos de lo que lo hacen ellas entre sí. En otras palabras, todo el mundo diría que un gorila se parece más a un chimpancé que a un ser humano, salvo contadas, pero notables, excepciones. Todo el mundo diría también que un chimpancé se parece más a un gorila que a un ser humano, de nuevo, excepciones al margen.

Pero, además del parecido físico, la ciencia puede echar mano ahora del parecido químico, y puede analizar la similitud de las moléculas que conforman los genes de esas especies, es decir, de su ADN. Y aquí salta la sorpresa. Porque analizando el parecido químico, o sea, genético, entre el gorila el chimpancé y miembros de la especie de quien escribe estas líneas, resulta que el chimpancé se parece más a nosotros que el gorila, pero también se parece más a nosotros que al gorila. Espero que capten la sutileza de la lengua española. Chimpancés y humanos somos primos hermanos, por no decir hermanos carnales. En términos evolutivos esto quiere decir que el gorila actual se separó del que sería el ancestro de chimpancés y humanos antes de que el chimpancé y el ser humano se separaran a partir de ese ancestro común.

Velocidad de mutación

Se ha estimado hoy la velocidad con la que ocurren las mutaciones, es decir, los cambios genéticos en el ADN. Esto permite calcular la distancia temporal evolutiva entre especies. Así, por ejemplo, si sabemos que se produce una mutación cada 10 años y podemos también estimar 100.000 mutaciones entre los genes de dos especies similares, podremos calcular que las especies han divergido una de otra hace un millón de años.

De esta manera se ha estimado, por técnicas moleculares, que el gorila divergió del que sería el ancestro de chimpancés y humanos hace unos diez millones de años. Y de la misma manera, se ha estimado que ese ancestro común dio origen al chimpancé y al ser humano hace unos cinco millones de años.

De ser esto cierto querría decir que el homínido más antiguo, es decir, la especie más antigua que pudiera presentar rasgos humanoides, en lugar de chimpanzoides, no podría tener más de unos cinco millones de años. Este era el caso, en efecto del homínido más antiguo encontrado antes de *Sahelanthropus*. Se trataba del *Ardipithecus*, que se calcula, por otras técnicas de datación, que vivió hace unos 5,2 millones de años. Se pensaba que esta especie era la más próxima al ancestro común entre chimpancés y humanos. Sus fósiles no ponían en peligro la coherencia de los datos moleculares y de los datos paleológicos, que es precisamente lo que ha venido a hacer *Sahelanthropus*.

TOUMAI

Las características morfológicas de este fósil, al que poéticamente se le ha llamado Toumai –que quiere decir "esperanza de vida" en una lengua vernácula chadiense–, son bastante notables. Por la parte trasera de la cabeza es muy parecido a un chimpancé actual. Esto es de esperar ya que, tal y cómo se cree que evolucionó la especie humana, se estima que el ancestro común entre el chimpancé y el ser humano era bastante parecido al chimpancé actual, es decir, el ser humano sufrió más modificaciones morfológicas que el chimpancé a partir del ancestro común de ambos, porque se tuvo que enfrentar a entornos más cambiantes, incluida la tierra firme, mientras que el chimpancé siguió viviendo cómodamente en su ambiente arborícola y selvático, es decir, en un entorno poco cambiante que no forzaba a cambio adaptativos drásticos.

La sorpresa que produce *Sahelanthropus* la causa su parte frontal, su rostro. Resulta que este no se parece mucho al rostro de un chimpancé, sino que posee características de homínidos que vivieron hace solo 1,75 millones de años. Este hallazgo plantea pues varios problemas. El primero es que el supuesto ancestro entre el chimpancé y el ser humano tiene que ser más antiguo que *Sahelanthropus*, puesto que este es ya un homínido, es decir, pertenece a la rama que dio origen a la especie humana. El segundo problema es que los rasgos de *Sahelanthropus* parecen indicar que la evolución hacia los homínidos pudo producirse varias veces y quizá en varios momentos a lo largo de la evolución de la especie humana. Esta evolución no parece haber sido, como pudiera parecer a muchos, un proceso lineal, sino que más bien sucedió como consecuencia de procesos evolutivos varios que condujeron a la aparición de diversas especies de homínidos a partir de una de las cuales surgió nuestra especie.

Poco a poco, la antropología va desvelando los secretos de nuestros orígenes, y capacitándonos para formularnos nuevas preguntas, que tendremos que responder. Aún quedan muchas sin respuesta. Una de las más divertidas es por qué el ser humano no tiene pelo sino en ciertas partes de su cuerpo. Podría pensarse, por ejemplo, que al aprender el ser humano a cubrirse con las pieles de los animales que cazaba, no necesitó el pelo de su propio cuerpo para protegerse del frío. Pero esto no explica por qué no tenemos pelo en toda la cara, incluidas orejas y mejillas, que no protegemos habitualmente ni con pieles, ni con nada. Una interesante hipótesis, sin demostrar y falta absolutamente de evidencia, sugiere que el ser humano, en su evolución, pasó un tiempo intentando convertirse en un animal acuático, como focas, ballenas o delfines. El paso de nuestros ancestros por el medio acuático produciría la selección de los individuos con menos pelo, mejores nadadores. Este paso por el medio acuático también explicaría por qué el ser humano es un primate que nada relativamente bien comparado con otros. Pero, de ser esta hipótesis cierta, algo debió suceder que nos forzó a regresar a la tierra y seguir allí nuestra andadura, en lugar de la nadadura que hubiese podido ser. Y es una suerte porque el papel y la tinta no son amigos del agua, con lo que de haber seguido nuestros ancestros por el camino acuático, ni yo hubiera escrito estas líneas, ni usted las hubiera leído.

22 de julio de 2002

Neurobiología De La Detección De Tramposos

El intercambio social entre individuos es una constante en nuestra especie. Prácticamente cada actividad humana es un toma y daca en donde recibimos algo a cambio de algo que ofrecemos. El intercambio social existe también en los primates, lo que indica que ha debido ser importante para que nuestros ancestros, al cooperar entre ellos, pudieran competir de manera ventajosa con otras especies y permitir que surgiera el *Homo sapiens*.

Los modelos evolutivos predicen que para que el intercambio social evolucione en una especie dada, los individuos de esa especie deben ser capaces de detectar el engaño, y a los tramposos, es decir, a aquellos que reciben pero no dan a cambio lo que es debido en una transacción social determinada. Detectar las trampas, los engaños, y los tramposos no es evidente, como no lo es acabar con ellos por más leyes que se instauren y más ética que se enseñe.

Desde un punto de vista biológico, detectar los engaños es como detectar los colores. En ambos casos, hace falta un mecanismo especializado para lograrlo. La investigación realizada hasta el momento así lo sugiere, en efecto. En otras palabras, se piensa que nuestro cerebro posee zonas y redes neuronales especializadas en detectar los posibles engaños que puedan surgir en la interacción social. Estas zonas del cerebro estarían involucradas en el razonamiento social, que es un razonamiento de tipo condicional, es decir, del tipo "si yo le doy esto a Luis, entonces él me da aquello".

Una de las observaciones que indicaban la existencia de un entramado neuronal específico para detectar las mentiras es que parecemos comprender mucho mejor la lógica del razonamiento condicional cuando este se refiere a una situación social que cuando se refiere a otro tipo de situaciones, o a situaciones abstractas. Así, pruebas psicológicas demuestran que solo de un 5% a un 30% de los individuos son capaces de responder correctamente ante un problema lógico condicional cuando este se plantea de forma abstracta. Sin embargo, del 65% al 80% de los sujetos razonan bien lógicamente si este tipo de razonamiento condicional se plantea en términos de intercambio social. Diríjanse a la figura adjunta y verán a lo que me refiero.

Es más fácil razonar condicionalmente en situaciones sociales que en abstracto. Veamos un ejemplo del condicional "si P entonces Q".

Se nos presentan tarjetas con números por las dos caras con la siguiente regla: "Si aparece un impar mayor que 7 en una cara, aparece un número par mayor que 6 en la otra". ¿A qué tarjetas habrá que dar la vuelta para comprobar que la regla se cumple? Las correctas están indicadas en gris.

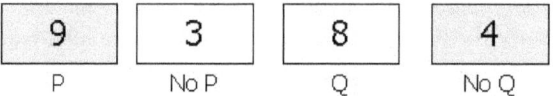

Se nos presenta tarjetas con la siguiente regla: "Si acepta el beneficio, debe de satisfacer el requisito". ¿A qué tarjetas hay que dar la vuelta para comprobar que la regla se cumple? Igual que arriba, las correctas están indicadas en gris.

Esta situación se ha encontrado en individuos de todas las naciones industrializadas y también en sociedades primitivas., es decir, parece que es una cualidad de la especie humana, independientemente de la educación recibida (estudiar lógica no parece ayudar mucho) y de la cultura en la que se viva, aunque, evidentemente, vivir en sociedad puede ser necesario para el buen desarrollo de esta capacidad. Además, algunos experimentos psicológicos parecen demostrar que la mayor facilidad para razonar socialmente está regulada por variables que indican que es una habilidad humana especializada.

Estas y otras evidencias sugieren, pues, que nuestro cerebro ha desarrollado algunas áreas especializadas en el razonamiento social, diferentes de otras implicadas en razonamiento no social. La existencia de zonas especializadas en nuestro cerebro no es nueva, por supuesto, y todos sabemos que existen zonas especializadas para el lenguaje, o la visión. El procesamiento de información por estas áreas sociales sería diferente del procesamiento de información por otras áreas cerebrales, incluso cuando estas estuvieran involucradas en el análisis del mismo tipo de lógica condicional que el razonamiento social implica.

Pero lo anterior no dejaba de ser una hipótesis. Como muchas veces sucede en ciencia, esta hipótesis nos conduce a una predicción. La predicción es sencilla: si tenemos un área especializada en detectar a los engaños sociales, entonces los individuos que por accidentes u otras causas hayan visto dañada esta zona del cerebro, habrán perdido la capacidad de razonar socialmente, pero no la capacidad de razonar sobre otras cuestiones no sociales. Si, por el contrario, este tipo de desafortunados individuos no existe, la hipótesis no podrá ser confirmada y posiblemente deba ser abandonada por otra que intente explicar esta diferencia en la eficacia de razonamiento entre lo social y lo no social de una forma alternativa.

Y bien, la hipótesis anterior ha recibido un gran apoyo gracias al estudio de un paciente, de nombre R.M., por un grupo de psicólogos estadounidenses. R.M. sufrió un grave accidente de bicicleta, por ir sin casco, todo sea dicho, cuando tenía solo veinticinco años. Su cerebro sufrió daños en los dos lados del córtex orbitofrontal y el córtex temporal anterior. La lesión fue lo suficientemente grave como para desconectar las dos amígdalas, derecha e izquierda.

R.M. sufrió amnesia severa tras el accidente, pero logró recuperarse. A pesar del daño cerebral, todavía posee un coeficiente intelectual de 102, es decir, no inferior a la media, y es capaz de realizar diversas tareas intelectuales con normalidad. Actualmente, trabaja de voluntario en un hospital, donde es apreciado por sus colegas por su buen carácter y por lo fácil que es tomarle el pelo. Aparentemente, en lo que R.M. es deficiente es en detectar a las personas que quieren aprovecharse de él, sea de broma o malévolamente. Por esta razón, Los psicólogos que estudiaron a R.M. estaban interesados en ver si el daño cerebral que sufría le incapacitaba para el razonamiento condicional social. Para ello, sometieron a R.M. a una serie de pruebas en las que compararon su capacidad de razonar situaciones sociales con la capacidad de razonar situaciones de riesgo, del tipo si hago una actividad arriesgada debo tomar precauciones. Los resultados, publicados esta semana en la revista *Proceedings* de la Academia Nacional de Ciencias de los Estados Unidos, fueron concluyentes. La capacidad de R.M. para razonar situaciones sociales estaba disminuida con respecto a su capacidad para razonar sobre situaciones de riesgo, es decir, el daño cerebral que R.M. había sufrido le había dañado la zona del cerebro dedicada al razonamiento condicional de tipo social, pero no le había disminuido la capacidad para razonar condicionalmente sobre otro tipo de situaciones.

Así pues, nuestro cerebro dispone de regiones y neuronas interconectadas de tal manera que facilita la detección de los engaños sociales y, por tanto, de los tramposos. Yo creo que, como todo en la evolución, a esta capacidad es posible que se le haya unido la capacidad cerebral especializada contraria, es decir, la capacidad para engañar sin que seamos detectados. Si esto es así, la interacción social sería como la situación que existe entre predador y presa, que han evolucionado conjuntamente; el predador intenta camuflarse cada vez mejor y la presa, detectarlo cuanto antes. No una muy halagüeña condición para nuestra especie.

19 de agosto de 2002

Lenguaje y Neuronas

Aunque el descubrimiento, hace unas semanas, de un nuevo gen implicado en el desarrollo del lenguaje hablado abre nuevas avenidas al estudio del lenguaje, hay ciertos aspectos del mismo que siguen siendo un misterio. Por ejemplo, no se conoce con certeza aún la razón por la que los niños pueden aprender mejor un lenguaje que los adultos. Tampoco se conoce la razón por la que los hablantes nativos de ciertos idiomas, como el japonés, tienen problemas para reproducir ciertos sonidos del inglés, mientras que los hablantes nativos de otros idiomas no tienen problemas para reproducir esos mismos sonidos, aunque pueden tener problemas para reproducir otros. Estas cuestiones, que parecen tan mundanas, son también objeto de debate y estudio científico y, como casi en todo, últimamente se han realizado avances importantes para explicar estos fenómenos.

Conexiones naturales

Para entender la importancia de estos avances, lo primero que hay que comprender es cómo el cerebro, tras captar y transmitir el oído lo que no son sino una serie de sonidos, los identifica como una palabra con un significado, en lugar de como solo una serie de ruidos. La razón última de esta particular habilidad humana parece residir en el entrenamiento de las redes neuronales dedicadas a la adquisición y producción del lenguaje. El aprendizaje de un lenguaje, o el de cualquier otra cosa, en realidad, requiere la modificación de conexiones neuronales. Estas se modifican durante el proceso de aprendizaje del lenguaje de manera que finalmente se establecen las más adecuadas para distinguir los sonidos y palabras del lenguaje al que se está expuesto, es decir, el cerebro sustituye unas conexiones por otras de manera que los sonidos fundamentales del lenguaje que se esté aprendiendo sean, idealmente, distinguibles óptimamente unos de otros.

Así, la situación con las conexiones neuronales implicadas en el lenguaje se asemeja a un espacio de puntos. Imaginemos una página en la que se vayan dibujando puntos que representen las conexiones neuronales dedicadas a identificar cada uno de los sonidos fundamentales de nuestro idioma. Antes del aprendizaje, un número grande y desordenado de puntos se encuentra sobre la página, pero durante el aprendizaje del lenguaje, algunos puntos innecesarios se van borrando y los demás van modificando su posición relativa a los puntos vecinos de manera que la distancia entre ellos es, finalmente, máxima. Esta distancia corresponde a la facilidad de distinguir un sonido de otro y, cuanto mayor sea, más fácilmente las conexiones neuronales los podrán distinguir. De esta manera, hemos obtenido un equilibrio óptimo para distinguir los sonidos del idioma que estamos aprendiendo cuando niños. Evidentemente, el número y la organización en equilibrio de los puntos dependerán del número y características de los sonidos del idioma que se esté aprendiendo.

Si de adultos queremos aprender un nuevo idioma, hay que hacer ahora sitio en la página para nuevos puntos, es decir, para nuevos sonidos que no pertenecen a nuestro idioma. Esto no puede hacerse sin reorganizar y cambiar, siquiera un poco, la posición de cada uno de los puntos de la página, para seguir manteniendo la máxima distancia entre todos ellos. Está claro que esto no es fácil, ya que requeriría, en el caso ideal, la desconexión y reconexión de las neuronas que han tardado años de nuestra infancia en configurarse de la manera en la que están.

En una serie de experimentos, Paul Iverson, de la Universidad de Londres, demostró cómo este fenómeno puede limitar el aprendizaje de un lenguaje nuevo por un adulto. Sometió a una serie de personas, nativas de los lenguajes inglés, alemán o japonés, a la tarea de distinguir entre los sonidos /ra/ (erre suave) y /la/. Estos sonidos fueron analizados en sus frecuencias más importantes, las cuales fueron modificadas artificialmente para aproximarlos o diferenciarlos más entre sí. El resultado de estos experimentos indicó de manera científica lo que ya sospechaba cualquiera que hubiera escuchado hablar inglés a un japonés: los japoneses no pueden distinguir igual de bien la diferencia entre /ra/ y /la/ que un anglo o germano parlante. Así, parece ser que la incapacidad de los japoneses para producir el sonido /ra/ es, sobre todo, porque no pueden oírlo o, mejor dicho, porque lo oyen como si fuera el sonido /la/. Aparentemente, el aprendizaje de ese idioma ha condicionado a las redes neuronales de tal manera que se ven ahora impedidas para modificar sus conexiones e incorporar un nuevo sonido, perteneciente a otro idioma. Así pues, nuestras neuronas, al activarse para identificar un sonido, tienden a hacerlo coincidir con uno de los puntos ya establecidos durante el aprendizaje de nuestro idioma nativo, es decir, lo asimilan a lo que ya conocen. Esto causa que la reproducción exacta del sonido nuevo también resulte impedida.

CONEXIONES ARTIFICIALES

En una serie de experimentos, Frank H Guenther, de la Universidad de Boston, probó mediante el empleo de redes neuronales simuladas por ordenador que esto es exactamente lo que sucede. Guenther diseñó una serie de redes neuronales de estructura y conexiones determinadas y las entrenó para que aprendieran a distinguir los sonidos utilizados en inglés o los utilizados en japonés. Guenther observó que el aprendizaje reorganizaba las conexiones entre las neuronas simuladas de manera muy diferente si las redes aprendían inglés que si aprendían japonés. Tras aprender a distinguir los sonidos del japonés, Guenther sometió a su red neuronal a sonidos del inglés para comprobar su capacidad de distinguirlos. Lo que observó fue idéntico a lo observado con seres humanos: su red no podía distinguir entre los sonidos /ra/ y /la/.

¿Qué implicaciones tiene esto para el aprendizaje de otros idiomas? Puede tener muchas. Parece ser que los bebés son capaces de distinguir más de trescientos cincuenta sonidos fonéticos diferentes, cantidad que se reduce a menos de cien en el adulto. La reducción de esta capacidad se debe al entrenamiento de las redes en el seno de un lenguaje determinado, que utiliza solo sonidos limitados. Pero, quizá, si se sometiera a los niños, no a las palabras y significados, sino tan solo a la panoplia de sonidos utilizados por los diferentes idiomas del mundo, fuera suficiente para que aprendieran a identificarlos y facilitar más tarde el aprendizaje de numerosos idiomas cuando adulto. Bonita posibilidad, si no fuera por el hecho de que, en unos años, a este paso, todos hablaremos solo inglés americano, lo que hará innecesaria la investigación sobre el aprendizaje del lenguaje.

16 de septiembre de 2002

Maltrato, Genes y Agresividad

AHORA QUE ACABA de comenzar el curso escolar, recuerdo que, cuando niño, dividía a las personas en dos tipos: aquellos que, tras ser maltratados de alguna manera por un compañero de mayor edad, juraban que cuando ellos fueran mayores se iban a enterar los pequeños de quién eran ellos, y aquellos que aseguraban que cuando fueran mayores nunca maltratarían a los pequeños. No sabía yo la razón que tenía ya a tan corta edad, pero un reciente estudio científico ha venido a confirmar mis sospechas, tan tempranas, de que, en efecto, las personas bien pueden dividirse en esos dos tipos.

Es bien conocido por psicólogos y psiquiatras que el maltrato en la infancia es un factor de riesgo importante de conducta antisocial. Los niños que experimentan abusos físicos, o una excesiva rigidez o inconsistencias educativas por parte de sus padres o compañeros, sufren mayor riesgo de convertirse en violentos, a su vez, incluso en criminales. Además, la probabilidad de convertirse en violentos aumenta conforme disminuye la edad a la que los niños experimentan el maltrato por primera vez.

Sin embargo, también es bien conocido que existen enormes diferencias en la manera en que diferentes niños responden al maltrato. Afortunadamente, la mayoría de los niños maltratados no se convierten en delincuentes o violentos cuando llegan a la edad adulta. Como es de esperar, los científicos supusieron que estas diferencias podrían ser debidas a factores genéticos de susceptibilidad, ya que cuando el medio ambiente es similar, las diferencias entre individuos suelen ser debidas a causas genéticas.

Pero, ¿qué gen o genes podrían ser responsables de estas diferencias? Un grupo internacional de investigadores británicos, estadounidenses y neozelandeses se marcó como objetivo averiguarlo. Los resultados de sus estudios aparecen publicados en la revista *Science* de principios de agosto pasado.

Los investigadores estudiaron las diferencias que niños, maltratados o no, presentaban en el gen de la Monoamina Oxisasa, o MAOA para los amigos. Este gen fabrica una proteína que participa en el metabolismo de moléculas neurotransmisoras importantes, como la serotonina y la dopamina, entre otras, y las inutiliza. Se sabe que la variación en el cerebro de la cantidad de estos neurotransmisores, imprescindibles para ciertos tipos de comunicación interneuronal, puede tener que ver con estados depresivos y con la agresividad. Era ya conocido de los investigadores que ratones a los que se les había eliminado por métodos genéticos el gen de la MAOA eran más agresivos que los normales. Además, se sabía también que si a dichos ratones se les introducía de nuevo el gen de la MAOA, su agresividad disminuía. Por consiguiente, al menos en ratones, este gen influía en la agresividad.

No acaba ahí la historia del gen MAOA. Este gen, en humanos, se encuentra localizado en el cromosoma X. Esto quiere decir que los hombres poseen una copia y las mujeres, dos. Así, es más fácil que defectos en el gen de la MAOA produzcan consecuencias en los hombres que en las mujeres, las cuales pueden compensar un gen defectuoso en un cromosoma con una copia sana en su segundo cromosoma X. Esto es precisamente lo que se observó en una familia holandesa cuyos miembros varones habían heredado un gen de la MAOA que no funcionaba. Estos individuos presentaban una conducta antisocial y agresiva. Así pues, todos estos hechos sugerían que el gen de la MAOA es importante para controlar la agresividad, no solo en ratones, sino también en humanos, y que los individuos que poseen un gen de la MAOA que no funciona son más agresivos.

Pero un gen no solo puede tener defectos que le impidan funcionar, sino que puede tener defectos, o modificaciones, que se traduzcan en menor producción de su proteína. En este caso, los efectos serían más sutiles que en el caso de la completa ausencia del gen, y quizá individuos que posean un gen que produzca proteína en menor cantidad de la adecuada sean más susceptibles de convertirse en individuos agresivos, sobre todo si viven en un entorno también agresivo. Esta fue la hipótesis con la que los investigadores trabajaron, hipótesis que estaba basada, además, en otros estudios y en el conocimiento de que el gen de la MAOA, en efecto, cuenta con dos variantes normales presentes en la población humana, una variante que produce mucha MAOA y otra variante que produce poca.

Lo que los investigadores encontraron es que, en ausencia de maltrato en los niños, que las variantes de ese gen produzcan mucha o poca MAOA no influye sobre la agresividad cuando adultos, es decir, si los niños son tratados con respeto y consideración por adultos y compañeros, no tienen mayor riesgo de convertirse en violentos, incluso en el caso de poseer una variante del gen que produce poca MAOA. La cosa cambia cuando existe el maltrato y el abuso. En este caso, los niños poseedores de una variante que produce poca MAOA tienen muchas más probabilidades de convertirse en adultos violentos. Sin embargo, aquellos que poseen una variante que produce mucha MAOA son protegidos de los efectos perniciosos del abuso sobre su personalidad futura y no suelen convertirse en violentos.

Las conclusiones de este estudio, en este caso, confirman que podemos escapar a la influencia de nuestros genes si controlamos bien el ambiente en el que vivimos. Un ambiente educativo sin violencia, en el que se fomente el respeto y la amabilidad, será un ambiente que genere adultos responsables, respetuosos y cooperadores con los demás, independientemente de la variante de gen MAOA que se posea. Desgraciadamente, en nuestro país, además de sufrir la violencia política, no se hace lo suficiente por evitar la violencia cotidiana y, sobre todo, por fomentar el respeto de los niños entre sí, a quienes en muchas escuelas se deja que se insulten y se humillen como si ese comportamiento no tuviese importancia y fuera solo cosa de niños. Parece ser más importante que los niños aprendan matemáticas y lengua que aprendan a respetar a sus compañeros, pero estudios como este sugieren, al contrario, que para arreglar muchos problemas sociales graves no es quizá necesario utilizar grandes recursos materiales, educativos o de otro tipo, para producir gente bien preparada, sino solo fomentar un ambiente de respeto entre todos, comenzando desde la más tierna infancia.

23 de septiembre de 2002

Nanogigabytes

Sin duda, una de las invenciones más importantes de la Humanidad fue la escritura. Con ella, el ser humano dio un paso muy importante nada menos que hacia la codificación del mundo, o al menos de una parte de él; en este caso, los sonidos que emitía y que ya codificaban parte de la realidad en la que vivía.

Un código no es otra cosa que una correspondencia entre dos cosas. Así, cuando escribimos la letra "a" sobre un papel, depositamos sobre él moléculas de materia en un orden y estructura determinados, que representan de esa manera un sonido concreto, en este caso el sonido "ah".

La codificación del código

Tras la invención de la escritura, el invento más importante de la Humanidad, en mi opinión, ha sido una evolución de la propia escritura: la codificación del mundo en filas de unos y ceros, la digitalización del mundo. Esto puede parecer misterioso, pero en realidad es tan simple, incluso más simple aun, que la escritura. En este caso, no se emplean símbolos como las letras de nuestro alfabeto, sino que estas, que ya representan sonidos, son ahora representadas de una manera más simple, mediante "muescas" sobre un soporte material. Estas muescas son, o pueden interpretarse como, unos y ceros. Así, a cada letra mayúscula o minúscula y a cada signo de puntuación se le puede hacer corresponder una hilera única de unos y ceros. Se genera así lo que podíamos llamar una metaescritura, o un metacódigo. Se ha establecido que para codificar la práctica totalidad de los símbolos escritos de los lenguajes occidentales hacen falta doscientos cincuenta y seis signos, los cuales se pueden representar con hileras de tan solo ocho unos y ceros, ya que con esa longitud de hileras se pueden escribir doscientas cincuenta y seis hileras diferentes. Estos octetos de unos y ceros se denominan, en informática, bytes y son la unidad más común de información.

Ahora, la Humanidad podía representar su escritura y los datos adquiridos sobre el mundo que le rodeaba mediante dos únicas muescas o marcas sobre un soporte material. Era el nacimiento de la informática digital. Personas aún relativamente jóvenes, como el que escribe, recuerdan las prehistóricas tarjetas perforadas que, mediante agujeros en una cartulina, representaban esas hileras de unos y de ceros que sirven para codificar el mundo. Un agujero dejaba pasar la luz, y correspondía a un uno, y la ausencia de agujero bloqueaba la luz y correspondía así a un cero. De esta manera se podían volver a escribir muchos de los datos adquiridos sobre el mundo y manipularlos mediante ordenadores con una rapidez nunca vista hasta entonces. De hecho, las tarjetas perforadas se utilizaron por primera vez en 1890 para almacenar datos sobre el censo de los Estados Unidos.

Las tarjetas perforadas eran una memoria informática primitiva. Pronto se abandonaron por otro tipo de soporte material para representar las hileras de unos y ceros con las que se representaba ahora el mundo. Las tarjetas fueron sustituidas por la banda o disco magnéticos, que almacenaban los unos y los ceros mediante un material que cambiaba entre dos orientaciones diferentes, una siendo un uno y la otra siendo un cero, según un campo magnético fuera aplicado o no sobre su superficie. La ausencia de contacto mecánico, se decía, permitía un acceso más rápido a los datos así codificados. Siguiendo esta filosofía, a principios de los años setenta se consigue representar los unos y ceros en forma de ínfimas cargas eléctricas en microchips. Es la memoria de estado sólido, que parecía iba a ser imposible destronar por su rapidez y capacidad... hasta que aparecen en el horizonte las nanotarjetas perforadas, o casi perforadas.

Nanohoyos

La bien conocida compañía informática IBM ha realizado un prototipo de memoria basándose en la creación de hoyos sobre una superficie, no de hoyos macroscópicos, sino nanoscópicos, de solo unas decenas de nanómetro de diámetro. De esta manera, miles de millones de hoyitos pueden ser alineados en solo una superficie de pocos milímetros cuadrados. Estos hoyos sobre un soporte material representan ahora, de nuevo, las hileras de unos (agujero) y ceros (ausencia de agujero).

El adecuado nombre con que se ha bautizado este prototipo de memoria informática es el de Millipede, que significa milpiés. Este chip, en efecto, alinea mil veinticuatro "patas" de un veinteavo de milímetro de grosor en un cuadrado de treinta y dos filas y treinta y dos columnas. Este es el secreto de Millipede, ya que puede escribir o leer mil veinticuatro unos o ceros a la vez. Esta capacidad de lectura y escritura masivas compensan la lentitud relativa de un procedimiento mecánico, y no eléctrico, de escritura y lectura de datos.

¿Cómo funciona esta maravillosa y nanotecnológica memoria? El principio no puede ser más simple. Las patas son, en realidad, como minúsculos soldadores eléctricos, constituidos por dos brazos en V, en cuyo vértice poseen, perpendicularmente a las patas, una microscópica punta acerada. Las patas conductoras suministran electricidad a la punta que, para escribir datos, se calienta a una temperatura de unos 400°C. A esta temperatura, la superficie del material polímero, similar a un plástico, sobre el que estas patas se desplazan, alcanza el punto de fusión y la patita realiza así un hoyo en su superficie.

Para leer los datos, es decir, las hileras de hoyos o planicies en la superficie del polímero, se realiza un truco similar. En este caso la corriente eléctrica suministrada calienta a la punta a solo unos 350°C, temperatura que no alcanza para fundir el polímero. Así, cuando la punta cae en un hoyo, el calor se evacúa más rápido que cuando está sobre una superficie plana. Esa caída rápida de la temperatura se traduce en una disminución de la resistencia de la corriente eléctrica que, a su vez, se interpreta como un uno, mientras que la ausencia de disminución de la resistencia se interpreta como un cero. Para borrar los datos, las patitas se desplazan alrededor de los agujeros, fundiendo el polímero circundante y allanando así la superficie.

Los primeros prototipos de IBM han sido capaces de almacenar varios gigabytes, es decir, miles de millones de bytes, de octetos, de unos y de ceros, en una superficie de una pulgada cuadrada, unos 6,5 cm². Se espera que, sobre el año 2005, se comercialicen las primeras memorias de alrededor de diez gigabytes de capacidad, puesto que la tecnología para fabricar las nanopatas y polímeros está ya bien desarrollada. Si esto es así, será posible almacenar, por un precio muy razonable, miles de horas de música o decenas de películas en una superficie como la de una tarjeta de crédito. La tecnología, incluso cuando se inspira en ideas del pasado, guarda aún muchas buenas sorpresas para el futuro.

7 de octubre de 2002

La Misma Cara, Cada Vez Más Lejos

"Papá, ¿por qué la Luna nos muestra siempre la misma cara?" Afortunadamente, el padre sabe la respuesta, o eso cree. "Pues porque la Luna gira sobre sí misma a la vez que gira alrededor de la Tierra. Mira, ven Juanito, te lo muestro con dos monedas".

El padre sitúa sobre la mesa una moneda de dos euros, que representa a la Tierra, y otra de un céntimo, que representa a la Luna, de manera que el número 1 que se encuentra sobre una de sus caras esté visible y la parte superior de ese número, a modo de flecha, apunte hacia la moneda de dos euros. Ahora el padre hace girar la moneda de un céntimo un cuarto de vuelta sobre su eje y un cuarto de vuelta sobre sí misma. La parte superior del 1 sigue apuntando hacia la moneda de dos euros. El padre continúa con otro cuarto de giro más. ¿Ves, por qué, Juanito?" Sí, papá, lo veo –responde Juanito. Pero papá –vuelve a preguntar– ¿por qué la Luna gira de esa manera y no de otra?

El padre, algo atónito, se pregunta también por qué. ¿Acaso hay una razón para esto? Por supuesto que la hay. Ayudemos, si podemos, a ese pobre padre sumido en la indigencia educativa.

Mareados

Todos sabemos del fenómeno de las mareas. Las mareas son una consecuencia de la atracción gravitatoria que la Luna y, en menor extensión, el Sol, ejercen sobre la Tierra. La Tierra gira sobre su eje, y como consecuencia de ese giro, aleja o acerca hacia la Luna distintas partes de su superficie. La parte de su superficie que se encuentra más cerca en un momento determinado del día es atraída por la Luna con mayor fuerza que la parte que se encuentra más alejada de ella. Como consecuencia de esta diferencia de atracción gravitatoria entre dos puntos de la Tierra diametralmente opuestos, nuestro planeta se deforma. La Tierra "se hincha" hacia los lados de su superficie cercanos o alejados de la Luna. Puesto que la mayor parte de la superficie de la Tierra es agua, la diferencia de atracción gravitatoria, según sea la distancia de la superficie de la Tierra a la Luna, se traduce en subidas y bajadas temporales del nivel del mar. Factores, tales como la forma de la costa, ejercen también una enorme influencia en la amplitud que las mareas pueden tener en diferentes puntos de la Tierra, y que pueden variar desde menos de un metro a diecisiete metros de diferencia entre el nivel del mar en pleamar o en bajamar.

El día, más largo

Además de este efecto de las mareas, la atracción lunar produce otros efectos más sutiles. Uno de ellos es el alargamiento de la duración de los días. La Luna frena a la Tierra en su movimiento de rotación y poco a poco los días se hacen más largos. ¿Cómo se produce este frenado de la rotación terrestre? La respuesta se encuentra en las mareas. Resulta que la deformación de la superficie terrestre causada por la atracción lunar debe desplazarse sobre la superficie de la Tierra, al girar esta. La rápida rotación de la Tierra hace que la deformación causada por la Luna no se sitúe nunca en el punto que se encuentra exactamente haciéndole frente, sino que esté algo desfasada respecto a él. Este desfase causa que la fuerza de atracción entre la Luna y la Tierra no se produzca exactamente en la línea que une sus centros, lo cual crea una fuerza que se opone a la rotación terrestre. Esto no es fácil de visualizar, pero es lo que más o menos sucede.

Este fenómeno sucedió igualmente con la Luna en el pasado. En este caso, era la Tierra la que por su atracción, deformaba la superficie lunar y la frenaba en su rotación. El proceso de frenado continuó hasta que no pudo hacerlo más, que fue justamente cuando la Luna giró sobre sí misma con el mismo periodo que gira alrededor de la Tierra, mostrándonos de esta manera la misma cara. La deformación de la Luna por la Tierra ya no se desplaza más sobre la superficie de la Luna, frenándola, porque esa deformación se encuentra ahora siempre en el mismo sitio.

Una ley física establece que la cantidad de movimiento angular de un sistema se debe conservar. La cantidad de movimiento angular es una magnitud proporcional tanto a la velocidad de rotación de un cuerpo como a su distancia al centro de rotación. Si la Tierra decrece su cantidad de movimiento angular al ser frenada su rotación por la Luna, para que la cantidad de movimiento angular en el sistema Tierra-Luna se conserve, esta debe ganar precisamente lo que la Tierra pierde. Para ganarlo, la Luna debe aumentar su velocidad de rotación sobre sí misma o su distancia de giro alrededor de la Tierra. Como lo primero es imposible, lo que sucede es lo segundo, y resulta que así tenemos el sorprendente fenómeno de que a pesar de que la Tierra atrae a la Luna, esta se aleja de nosotros unos 3,8 cm por año.

Así pues, la Luna, al ejercer su atracción sobre una Tierra que gira aún bastante rápido sobre sí misma, la frena en su rotación y, al mismo tiempo, se aleja de ella lentamente. Los días se van haciendo más largos y lo seguirán haciendo hasta que se llegue a una situación de equilibrio, en la que la Tierra y la Luna mostrarán una a la otra la misma cara y girarán sobre sí mismas con el mismo periodo que el tiempo empleado en la rotación de la una alrededor de la otra.

Esto quiere decir que la respuesta que tendríamos que darle a Juanito es que la Luna, hoy, podría girar más rápido de lo que lo hace, de no haberse conseguido aún la situación de equilibrio con ella, pero nunca más lento, al menos no en la órbita en la que se encuentra. Del mismo modo, todo esto quiere decir que dentro de millones de años el día de la Tierra será tan largo como el de la Luna, es decir, unos veintinueve días actuales, con lo cual la mayor parte de la Tierra estará, de día, achicharrada por el Sol, si es que este todavía brilla para entonces y, de noche, congelada bajo la luz de la Luna.

14 de octubre de 2002

Hormonalmente Orientados

Hace unos años, Barbara y Alan Pease publicaron un interesante libro titulado "Por qué los hombres no escuchan y las mujeres no pueden leer los mapas". En él, se explicaba, desde un punto de vista divertido pero no exento de base científica, la razón de algunas de las diferencias entre las habilidades mentales de hombres y mujeres.

Una de las explicaciones que más divertida me pareció fue la razón de por qué los hombres no encuentran nunca lo que van a buscar a la nevera o al armario, mientras que las mujeres lo encuentran rápidamente. Los autores apelaban a las diferencias entre las tareas que hombres y mujeres han tenido que efectuar durante la evolución de la especie humana. Los hombres, cazadores, necesitaban limitar su campo visual para localizar a una presa con precisión. Las mujeres, ocupadas con las tareas de la cueva y el cuidado de los niños, necesitaban un campo visual más amplio para hacer frente a varias tareas a la vez, como mantener el fuego y vigilar a la prole. Esta diferencia en la capacidad visual, forzada por las diferentes actividades realizadas en equipo por hombres y mujeres para la mejor supervivencia del clan, se traduce hoy en que los hombres, para encontrar algo en la nevera, debido a su limitado campo visual, situado normalmente frente a sus narices, necesitan mover la vista de un objeto a otro hasta encontrar el que van buscando. Si, al verlo, no lo reconocen, lo cual sucede a veces, los hombres necesitan de nuevo repetir la operación de barrido objeto por objeto. Las mujeres, en cambio, debido a su más amplio campo visual, obtienen una visión de conjunto de lo que hay en la nevera (obviamos el hecho de que son ellas, normalmente, las que introducen las cosas en la nevera, por lo que saben mejor donde están). Esta visión de conjunto facilita la localización de un objeto en particular muy rápidamente.

Referencias terrenales

Otra de las diferencias entre hombres y mujeres radica en sus diferentes estrategias a la hora de orientarse. En este caso, no se trata solo de diferencias entre hombres y mujeres, ya que machos y hembras de otros mamíferos también parecen disponer de estrategias de orientación distintas. En el caso que nos ocupa, las mujeres tienen la tendencia a orientarse mediante referencias del terreno: la tienda de la esquina, la señal de Stop, el quiosco, etc. Los hombres, por el contrario, utilizan con más frecuencia la estimación de la distancia recorrida o la dirección de acuerdo a los puntos cardinales. Es bien conocido que la exposición a diferentes tipos de hormonas sexuales, ya en el embarazo, condiciona la organización del cerebro, masculinizándolo o feminizándolo, lo que resulta en diferencias en cómo machos y hembras perciben su entorno y se orientan en él. Se sabe así que ratas hembras se masculinizan si son expuestas artificialmente a una concentración excesiva de la hormona estradiol, y usan las mismas estrategias de navegación por el terreno que los machos. Por el contrario, ratas macho castradas desde el nacimiento se orientan como hembras, confiando para orientarse en señales del terreno. Estos experimentos con animales sugieren que las hormonas masculinas y femeninas tienen mucho que ver en cómo hombres y mujeres se orientan, o se pierden, en lugares desconocidos.

Afortunadamente, no es posible realizar experimentos similares con seres humanos por evidentes razones éticas. Los científicos necesitan estudiar de otra manera si este fenómeno se produce en nuestra especie. La más obvia es analizar los niveles hormonales en hombres y mujeres y estudiar las estrategias de orientación que siguen aquellos individuos que, por la razón que fuera, posean niveles extremos para hormonas impropias de su sexo. De esta forma, se sabe ya que las mujeres que poseen niveles elevados de testosterona (¿analizaron estos niveles alguna vez a Margaret Thatcher?) se orientan con un estilo más similar al de los hombres. En hombres, sin embargo, estos estudios no han revelado que aquellos con menores niveles de testosterona en sangre se orienten de manera similar a las mujeres. En este caso, parece que el método empleado hasta la fecha para determinar dichos niveles de testosterona en sangre no es lo suficientemente preciso para encontrar diferencias significativas entre hombres.

Testosterona en la saliva

Un nuevo método de detección de testosterona, más preciso, ha sido puesto a punto recientemente. Este método permite, además de la determinación de los niveles de testosterona, determinar también los de la hormona estradiol, y eso a partir de muestras de saliva, sin necesidad de la punzante extracción de sangre. Con este método, dos investigadores canadienses, Jean Choi y Irwin Silverman, se propusieron analizar si existía una relación entre la manera en que hombres y mujeres se orientaban y sus niveles de testosterona. Lo que encontraron fue que los hombres con mayores niveles de testosterona utilizaban menos frecuentemente dos estrategias típicamente femeninas de orientación, la identificación de señales en el terreno y las posiciones relativas entre ellas, pero, como era de esperar por el dato anterior, utilizaban más frecuentemente estrategias típicamente masculinas de orientarse. Sin embargo, estos estudios no indican que las mujeres con mayores niveles de testosterona se orienten de manera diferente que las mujeres con menores niveles de esta hormona. En este aspecto, al menos, roedores y seres humanos somos diferentes.

Así pues, parece que, al menos en los hombres, el estilo de orientación espacial que se utiliza depende de los niveles hormonales. Esto es interesante porque, como casi todo en ciencia, plantea nuevas cuestiones. Los niveles de testosterona en hombres no son constantes; aumentan, por ejemplo, tras un orgasmo. Podíamos pues plantearnos estudiar seriamente si, tras experimentar un orgasmo, los hombres pueden orientarse mejor o utilizan más estrategias típicamente masculinas de orientación que antes de dicho espasmo fisiológico. Fascinante, y divertido, estudio, sobre todo para los numerosos voluntarios que, sin duda, estarían más que dispuestos a participar en él.

28 de octubre de 2002

Hombres, Mujeres y El Reconocimiento De Sus Rostros

SIEMPRE ME HA sorprendido el hecho de que en los libros de animales y naturaleza se pudiera decir que si las aves ven tales colores mejor que otros, que si los perros ven el mundo en blanco y negro y gris y que si los buitres pueden detectar un cadáver sobre la sabana africana a kilómetros de distancia. Los estudios de las diferencias de capacidad perceptiva y también cognitiva, es decir, de conocimiento, entre las diferentes especies son de interés científico, porque nos enseñan cómo esas especies se han ido adaptando al entorno y han adquirido funciones o capacidades que dependen del nicho ecológico donde les toca vivir. Por esa razón, el buitre posee una agudeza visual extraordinaria, ya que depende de ella para su supervivencia, mientras que el topo no ve tres en un burro, puesto que no necesita de la visión en el entorno subterráneo donde vive. Así pues, parece que esas diferencias de capacidad de percepción y de capacidad de conocer mejor o peor ciertos aspectos del ambiente, relevantes para la supervivencia de cada especie, se han ido seleccionando durante la evolución natural.

Puesto que hombres y mujeres somos individuos de la misma especie (humana, en ciertas ocasiones), se supuso por mucho tiempo que los dos sexos percibíamos y conocíamos el mundo que nos rodeaba de la misma manera. Sin embargo, en los últimos años, estudios psicológicos y neurofisiológicos han ido demostrando que en lo que a lo de percibir el mundo se refiere, hombres y mujeres bien pudieran ser considerados especies diferentes. La organización cerebral entre los dos sexos, si bien posee muchos puntos en común, posee también sutiles, pero importantísimas, diferencias que influyen en la manera en que hombres y mujeres perciben o interpretan el mundo que les rodea, e incluso influye en el tipo de mundo del que prefieren rodearse hombres y mujeres. No vamos a descubrir ahora nada nuevo sobre las dificultades de convivencia entre hombres y mujeres, quienes intentan, al parecer, rodearse de mundos diferentes en la misma casa, incluso en la misma habitación.

Estudios psicológicos han demostrado que las mujeres son superiores a los hombres en habilidades verbales y también en el reconocimiento de rostros (humanos, en algunas ocasiones). En este último caso, dos hipótesis se disputaban la explicación de esas diferencias. Una de ellas decía que la superior capacidad de las mujeres para reconocer rostros estaba relacionada con la mayor capacidad verbal femenina. Según esta hipótesis, las mujeres verbalizan el rostro que luego deben recordar, marcándolo con palabras o expresiones como "feo", "nariz recta", "ojos saltones", "cejijunto", etc. Los hombres, en cambio, al no poder hacer esto tan bien como las mujeres, no podrían recordar los rostros con la misma exactitud que ellas.

La segunda hipótesis sugería que las mujeres eran superiores a los hombres en el reconocimiento de rostros porque reconocían mejor que los hombres los rostros de otras mujeres, es decir, las mujeres eran superiores a los hombres en esta tarea pero solo exclusivamente cuando reconocían rostros femeninos, no masculinos. Esto resultaba en que al hacer reconocer una serie de rostros de ambos sexos a hombres y mujeres, las mujeres lo hicieran, por término medio, mejor que los hombres.

Para intentar elucidar qué sucedía en realidad, los investigadores Catharina Lewin y Agneta Herlitz, del Departamento de Psicología de la Universidad de Estocolmo, en Suecia, realizaron un estudio en el que sometieron a hombres y mujeres a pruebas de reconocimiento de rostros. Enseñaron a los sujetos del estudio bien series de rostros masculinos, bien series de rostros femeninos, es decir, no mezclaron rostros de ambos sexos en la misma serie. Además, mostraron los rostros o bien completos, mostrando signos sexuales, como pelo largo, pendientes, etc., o bien exclusivamente la cara. Tras mostrarles los rostros, se instó a los sujetos a que reconocieran si los habían visto antes, mostrándoles alguno de esos rostros, mezclados con otros desconocidos, y pidiéndoles que identificaran los que creían reconocer. Lo que encontraron fue sorprendente, porque confirma la hipótesis de que las mujeres reconocen mejor rostros de su propio sexo que rostros del sexo opuesto. Por el contrario, los hombres reconocen rostros de ambos sexos con igual exactitud, o inexactitud, según se miré.

Así pues, hombres y mujeres son iguales en su capacidad de reconocer rostros masculinos, pero las mujeres son superiores a los hombres cuando se trata de reconocer rostros de mujer. La pregunta evidente es: ¿cuál es la razón de que esto sea así? Los autores del estudio no facilitan respuesta alguna y están tan sorprendidos como cualquiera. Habrá que esperar a nuevos estudios que intenten elucidar esta extraña capacidad femenina. Y digo extraña porque lo natural sería que las mujeres reconocieran mejor rostros de hombres, puesto que en ello pueden tener un evidente interés sexual. En este sentido, sin embargo, es igualmente curioso que los hombres no reconozcan con mayor exactitud rostros femeninos que rostros masculinos, y que tampoco suceda contrario. Todo esto parece indicar que el interés sexual no es lo que explica estas diferencias en la capacidad de reconocer rostros, sino que otros factores deben de explicarla.

Ante la ausencia de conocimiento definitivo, solo nos queda especular y emitir nuevas hipótesis que permitan realizar nuevas investigaciones para adquirir el conocimiento que nos falta. Los autores de este estudio especulan así con la idea de que las mujeres reconocen mejor los rostros femeninos porque están más expuestos a ellos a través de la consulta frecuente de revistas de moda. Esta hipótesis no tiene en cuenta, sin embargo, el número de hombres que, en Suecia, donde se ha realizado el estudio, consultan frecuentemente el PlayBoy y otras revistas del ramo, que también les exponen con cierta frecuencia a rostros femeninos, por no mencionar otras partes de la anatomía femenina (en este caso siempre definitivamente humana).

Otra hipótesis, aventurada por otros psicólogos, expone que las mujeres se fijan más en otras mujeres debido a su coquetería y a, quizá, la intención de copiar o analizar maneras de vestir o de arreglarse para conseguir ser ellas las más coquetas. Este interés, definitivamente sexual, conseguiría que las mujeres reconocieran mejor los rostros femeninos, en los que se fijan más para intentar anular a sus rivales. Es la hipótesis que yo llamo de la reina del cuento de Blanca Nieves y los siete Enanitos. Este personaje femenino estaba interesado en quién era la más guapa del reino, pero no en quién era el más guapo. La mayoría de las mujeres pueden sufrir de este síndrome, lo que pudiera explicar su mayor capacidad de reconocer rostros de su propio sexo. De todas formas, habrá que esperar a nuevos estudios que iluminen este interesante enigma.

4 de noviembre de 2002

Placebo: La Realidad De Lo Imaginario

Cuando un laboratorio farmacéutico se propone lanzar un nuevo medicamento al mercado, debe antes demostrar que es eficaz en ensayos clínicos. En estos ensayos se intenta evaluar la eficacia del nuevo fármaco para paliar o curar determinada enfermedad. Inicialmente, se comprobó que los resultados de estos estudios clínicos se veían afectados por los deseos del médico. Si este deseaba que los pacientes tratados con su nuevo medicamento mejoraran, aparentemente lo hacían. La explicación de este fenómeno es que el médico, como ser humano que es, tiene tendencia a interpretar la realidad según le convenga a él, y no tanto a sus pacientes.

Efecto placebo

Para evitar estos "errores", se realizaron estudios en los que se trataba a los pacientes bien con el medicamento bajo estudio, bien con algo que era indistinguible de dicho medicamento pero que no contenía sustancia curativa, principio activo, alguno, es decir, con el llamado placebo. El estudio se llevaba a cabo de tal manera que el médico no sabía qué paciente recibía qué, y el paciente tampoco sabía si recibía medicamento o placebo. Solo al final del periodo de estudio se podía abrir el sobre que contenía dicha información y se identificaba qué pacientes habían recibido medicamento y quiénes únicamente placebo. Así, se pensaba, se podría averiguar, sin problemas derivados de los deseos humanos, el efecto de un medicamento al compararlo con otra sustancia ineficaz.

Pero nadie contaba con los deseos de los pacientes. La sorpresa surgió cuando se comprobó que los pacientes que recibían placebo parecían, a menudo, mejorar de su enfermedad más rápidamente que los que no eran tratados con nada, ni siquiera con algo que no contenía medicamento alguno. Era como si el mero hecho de creer que se estaba tomando algo que curaba, curara en realidad. A este efecto se le bautizó con el nombre de efecto placebo, y ha levantado grandes controversias en la comunidad médica. ¿Es el efecto placebo un efecto real, o es debido solo al optimismo de los pacientes que se creen tratados? ¿Acaso es posible curar sin medicamento alguno?

Para la mayoría del estamento médico, el efecto placebo era real pero, hasta hace poco, no existía evidencia alguna de que dicho efecto tuviera una base fisiológica. Y esto es, precisamente, lo que se ha conseguido recientemente, y que confirma la realidad de la existencia y eficacia curativa de este efecto.

El cerebro se lo cree

La demostración de que el efecto placebo es real la debemos a las extraordinarias posibilidades de la tecnología de imagen médica ofrecida por la tomografía de emisión de positrones (TEP), de la que hemos hablado en varias ocasiones en estas páginas. Esta tecnología permite analizar las zonas del cerebro que se ponen en funcionamiento al realizar ciertas actividades mentales, y también al tomar un medicamento. Utilizando esta tecnología, un grupo Canadiense, de la Universidad de Colombia Británica, en Vancouver, ha conseguido "ver" lo que sucede en el cerebro de pacientes a quienes se hace creer que se les trata con un potente medicamento. En este caso, los pacientes sufrían de la enfermedad de Parkinson, caracterizada por la pérdida, en una zona del cerebro, de neuronas que producen el neurotransmisor dopamina. Los investigadores inyectaron a estos pacientes o bien apomorfina, una sustancia eficaz contra la enfermedad porque aumenta la liberación de dopamina, o bien una solución de agua ligeramente salada, y observaron entonces lo que sucedía en sus cerebros. Lo que encontraron desafía el sentido común, pero fue que los cerebros de los pacientes que recibieron el placebo de agua salada experimentaban cambios similares a los que recibían el medicamento.

Como los resultados de estos estudios eran sorprendentes, pronto hubo quienes quisieron repetirlos. Esto lo hicieron unos investigadores de la Universidad de Tejas, en los Estados Unidos. En este caso, los pacientes que estudiaron estaban aquejados de depresión. El estudio se propuso comprobar si los cambios cerebrales producidos por un medicamento antidepresivo, la fluoxetina, eran también similares a los producidos por un placebo, siempre que el paciente creyera que estaba siendo tratado. Los resultados obtenidos en estos estudios confirmaron que el efecto placebo es real: los cambios cerebrales inducidos por el placebo eran similares a los inducidos por el medicamento, si bien este producía cambios más profundos.

Imaginación contra el dolor

Casi al mismo tiempo, unos investigadores del Instituto Karolinska de Estocolmo, en Suecia, obtenían resultados aun más espectaculares. Estos investigadores exploraron el efecto placebo en el tratamiento del dolor con una experiencia muy sencilla. Un médico quemaba ligeramente el dorso de la mano de voluntarios y luego les administraba o un compuesto opiáceo analgésico derivado de la morfina, o un placebo. Acto seguido, se observaba gracias a la TEP lo que sucedía en sus cerebros. Lo que se vio fue que los sujetos activaban en ambos casos las mismas zonas cerebrales, involucradas en la disminución de la sensación del dolor. Puesto que el cerebro produce sus propias sustancias analgésicas, relacionadas con la morfina, se supuso que el placebo, de alguna manera, inducía la producción de estas sustancias. Para probarlo, se administró a los sujetos naloxona, un fármaco que bloquea la acción de la morfina y de sus derivados. En este caso, ni el placebo ni el opiáceo administrado fueron eficaces para disminuir el dolor.

Estos resultados indican, por tanto, que el efecto placebo es real y que en algunos casos, este efecto puede ser utilizado en adición al propio medicamento para aumentar la eficacia de la lucha contra el dolor o contra ciertas enfermedades. La existencia del efecto placebo explica también el éxito –en el caso de ciertas enfermedades, no de todas– de prácticas como la homeopatía, basada, en realidad, en la administración de placebos, ya que las diluciones de medicamentos empleadas son tan gigantescas que es imposible encontrar una sola molécula de principio activo ni siquiera buscándola en millones de comprimidos homeopáticos.

Estos descubrimientos, como todos en ciencia, abren también incógnitas nuevas. Una vez establecida la realidad del efecto placebo, cabe preguntarse por qué unos individuos son más susceptibles que otros a dicho efecto. Si se supiera quienes van a responder mejor a un tratamiento placebo, podría quizá evitarse la administración a muchos pacientes de medicamentos, siempre causantes de efectos secundarios de los que el placebo está, en principio, exento. Esto, claro está, incidiría a la baja en los costes sanitarios. Por estas razones, la investigación en los misterios que quedan por resolver para explicar el mecanismo de este efecto promete darnos algunas agradables sorpresas en el futuro.

11 de Noviembre de 2002

BACTERIAS, VIRUS Y BICHOS DE MAL VIVIR

PREOCUPADOS POR EL cáncer o las enfermedades cardiovasculares, los afortunados habitantes de los países ricos –entre los que el resto del territorio español tiene la dicha de encontrarse– no parecen afectados por enfermedades tan banales como la tosferina o el cólera. Y es que las enfermedades infecciosas parecen cosa del pasado, como aquella nevera antigua, a la que había que introducir una barra de hielo todas las mañanas para enfriar los alimentos y protegernos así, precisamente, de las infecciones alimenticias.

BICHOS DE MAL VIVIR Y PEOR MORIR

Sin embargo, más de 50.000 personas mueren diariamente en el mundo como consecuencia de una enfermedad infecciosa, y eso sin tener en cuenta el número de cánceres que se desarrollan por infecciones con diversos microorganismos, en particular, algunos virus. Esta cifra de muertes supone el 35% de la mortalidad mundial, superior a la mortalidad por enfermedades cardiovasculares o cáncer.

Según la *Royal Society* de Londres, existen hoy 1.415 microorganismos patógenos registrados que amenazan nuestro organismo. Entre ellos, se encuentran 220 virus, como el del catarro, el de la gripe y, sí, el del SIDA. Se encuentran también, acompañando a los virus, 540 bacterias, algunas tan famosas como la *Escherichia coli* 0157H7, o la *Salmonella typhi* causantes de diarreas por contaminación alimenticia o falta de higiene, diarreas que, en el año 2000, acabaron con la vida de 2.124.000 personas, sobre todo niños menores de 5 años.

Además de virus y bacterias, contamos también con otros bichos de mal vivir. Entre ellos nada menos que 310 especies de hongos, 70 protozoos, como los causantes de la malaria o la enfermedad del sueño, y 290 helmintos o, para que nos entendamos, gusanos intestinales.

Pobreza e ignorancia humanas, riqueza microbiana

Como mencionaba más arriba, son los países pobres los que sufren la mayoría de estas plagas. A esto, les han ayudado desinteresadamente de varias maneras los países ricos. Es bien sabido que una forma relativamente eficaz de luchar contra muchas de estas enfermedades es la vacunación. Sepamos, por ejemplo, que una vacuna contra seis enfermedades (tétanos, difteria, tosferina, rubéola, tuberculosis y poliomielitis) cuesta solo 0,80€, es decir, menos de 0,16€ por enfermedad. A pesar de esto, no toda la población infantil de los países pobres es vacunada, situación posibilitada por la generosidad de los países ricos, algunos de los cuales dedican cantidades enormes de dinero a la finalidad mucho más provechosa de matar, o investigar como matar mejor, seres humanos sanos en una guerra que a la finalidad de matar, o investigar cómo matar mejor, microorganismos patógenos.

La causa más importante de la existencia de enfermedades infecciosas en los países pobres es la falta de higiene. Esta falta de higiene se produce también a veces en los países desarrollados. La práctica escrupulosa de lavarse las manos durante tan solo treinta segundos con agua y jabón antes de comer y después de ir al lavabo reduce drásticamente la transmisión de numerosas enfermedades infecciosas. Pero para que esta práctica sea incorporada en los hábitos de la gente se necesita educación, lo que falta en los países pobres. También se necesita agua y jabón, claro está, que no es evidente hallar en muchos lugares de África, donde son artículos de lujo al alcance de solo unos pocos. Pensemos que hace solo doscientos años era práctica común en los países de la desarrolladísima Unión Europea el vaciar el orinal, heces incluidas, por la ventana. Esta práctica era fantástica para la diseminación de los microorganismos y fue causante de más de una epidemia. Hubo que esperar al invento de los WC, el llamado váter, o retrete, para que se hiciera la higiene en nuestras ciudades y pueblos. Pero esto no sucedió de la noche a la mañana, y hubo que educar a la población para que cambiara los hábitos que había adquirido.

Y si por estos lugares preocupa el contenido de sulfatos del agua, en otros preocupa su contenido en microorganismos patógenos, lo que es algo mucho peor para la salud. Abrir agua del grifo y que salga clara, que se pueda beber sin riesgo de morirse mañana, parece también muy normal hoy y, sin embargo, muchos no disponen de esa elemental necesidad para la salud.

Compañeros microbios

Sin embargo, y quizá porque mucha gente hace caso omiso a las más elementales reglas de higiene personal y social, los países ricos seguimos sufriendo de brotes más o menos importantes de enfermedades infecciosas. Pensemos, si no, en las legionelosis que cada año nos recuerdan que los microorganismos están ahí fuera. Para luchar contra los patógenos, los países ricos han desarrollado y disponen hoy de numerosos antibióticos que han ayudado y ayudan mucho aún en la lucha contra enfermedades causadas por bacterias. Desgraciadamente, el mal uso de muchos de estos antibióticos ha causado que se generen cepas de microorganismos resistentes a los mismos y contra los que los antibióticos no son eficaces. Estas cepas de microorganismos son un problema importante, sobre todo para la población pobre de los países ricos, más susceptible a ser infectada por ellos, debido, como digo, a las peores condiciones de higiene en la que suele vivir.

Igualmente, se han desarrollado vacunas eficaces para preparar al sistema inmunitario frente al ataque de los microorganismos patógenos. Aunque la investigación en este campo es intensa y, desde hace ya algunos años, las ciencias adelantan que es una barbaridad, no se ha podido conseguir vacunas contra todos, ni mucho menos. Y es que algunos de ellos, durante la coevolución con nuestra especie, han aprendido muy bien a evadirse de nuestras defensas. Es así cómo puede entenderse que no exista una vacuna contra el virus del SIDA, y no por falta de medios dedicada a esta labor, a la que, dado el volumen de pingües beneficios que reportaría, se han dedicado muchos esfuerzos.

Los microorganismos, pues, viven entre nosotros y se adaptan a los cambios que introducimos para acabar con ellos. Algunos se han adaptado a la reacción de nuestro sistema inmune y para ellos quizá nunca sea posible el desarrollo de vacunas eficaces. Otros se han adaptado a los diferentes antibióticos que se han ido empleando contra ellos. Así, los microorganismos patógenos estarán con nosotros durante muchos años, siglos, a menos que puedan ser frenados por la única arma e la que disponemos y a la que quizá no puedan adaptarse: educación e higiene para todos. Los microorganismos quizá no puedan abandonar la realidad y venirse con nosotros a Utopía, ¿no creen?

25 de noviembre de 2002

La Domesticación Del Lobo

Es de casi todos sabido que el perro proviene del lobo. De hecho, el perro no es una especie diferente del lobo, sino que constituye una subespecie de ese animal. Lobos y perros pueden cruzarse y su descendencia no es estéril, como la del burro y el caballo, por ejemplo, que originan el mulo, incapaz de reproducirse. La capacidad de reproducción de la descendencia cruzada entre lobos y perros es una indicación bastante sólida de que se trata de la misma especie, por más que la morfología de unos y de otros pueda ser tan diferente como la de un Chihuahua y un San Bernardo.

Una pregunta que algunos han pretendido responder para intentar comprender mejor la evolución de la especie y cultura humanas es cuándo se domesticó al lobo por primera vez, cuándo se inició su conversión en perro. Se pensaba hasta hace unos días que el lobo fue domesticado por primera vez en Oriente Medio. Sin embargo, nuevos datos genéticos indican que el lobo se domesticó por primera vez en Asia y que desde aquí se extendió al resto del mundo.

Los estudios a los que me refiero han sido publicados la semana pasada en la revista *Science* por investigadores del *Royal Institute of Technology* de Estocolmo, Suecia, y de la *Smithsonian Institution* de los Estados Unidos. Estos investigadores se embarcaron en la búsqueda de la Eva canina, la madre de todos los perros, (o al menos la primera hija de perra, con perdón de la expresión). Para entender cómo se puede encontrar a la Eva perra, sin embargo, hay que comprender algunos conceptos simples de genética.

Como ya saben mis lectores, los genes están compuestos por moléculas de ADN. Estas moléculas son, a su vez, largos collares formados por la unión de cuatro moléculas pequeñas, la adenina, la citosina, la timina y la guanina. El orden en que se colocan estas moléculas sirve como molde para fabricar las diferentes proteínas de la célula, que no son sino las herramientas y piezas de la maquinaria de la vida.

El ADN es una molécula extraordinaria porque tiene la capacidad de replicarse con gran fidelidad. Afortunadamente, el proceso de replicación no es infalible y eso es lo que permite que suceda la evolución de las especies y, en particular, que el lobo haya podido convertirse en perro. Poco a poco, se van acumulando cambios genéticos que impactan tanto en la forma anatómica, como en el carácter del animal. Los cambios más deseados por el ser humano fueron seleccionados artificialmente, y es así como, en relativamente corto tiempo, se ha podido producir la enorme variedad de razas caninas que hoy conocemos.

Se sabe hoy que, durante el proceso evolutivo normal de las especies, los cambios en los genes se producen con una frecuencia determinada en el tiempo. Por ejemplo, si se produce un cambio cada mil años y analizamos dos especies que presentan diez cambios eso querría decir que esas dos especies se separaron de un ancestro común hace unos diez mil años. Así, para averiguar cuándo perros y lobos se separaron de su ancestro común, no hay más que averiguar la frecuencia de mutaciones y la cantidad de las mismas que el perro y el lobo presentan.

Desgraciadamente, el proceso de selección artificial que el ser humano ha llevado a cabo con el perro puede hacer imposible estimar adecuadamente esa separación. La razón es que esa selección puede hacer que acreciente, en los perros seleccionados para reproducirse, el número de cambios que naturalmente se producen. Pero por fortuna, existe un conjunto de genes que no se encuentran en el genoma del perro, ni en el de otras especies, pero que lo acompañan siempre. Son los genes de las mitocondrias, los orgánulos celulares encargados de la extracción y transformación de energía de los alimentos. Estos genes son probablemente mucho menos afectados por el proceso de selección artificial que el ser humano ha llevado a cabo con el perro.

Los investigadores estudiaron los cambios que se han producido en el ADN de la mitocondria de perros y de lobos. Para ello han utilizado tanto muestras de ADN de perros actuales procedentes de todo el mundo, como muestras de ADN de restos de perro rescatados de yacimientos arqueológicos. Lo que han encontrado es que los ancestros del perro, es decir, los primeros lobos domesticados, parecen haberse originado hace unos 15.000 años a partir de lobos procedentes de una sola región del este de Asia.

Los estudios de estos investigadores revelaron otro hecho muy interesante. Al parecer, los perros del continente americano proceden también de perros de esa única región asiática. Esto es así porque el ADN de sus mitocondrias es mucho más parecido al ADN de las mitocondrias de los perros asiáticos o europeos que al de los lobos del Nuevo Mundo. Esto significa que los primeros humanos que atravesaron el estrecho de Bering entre Asia y Alaska ya llevaban perros con ellos. Parece, pues, que el perro no fue domesticado de forma independiente tras la colonización de América por el ser humano, a partir de lobos que hacía ya mucho tiempo habitaban allí y habían comenzado a diferenciarse genéticamente mucho antes de los lobos asiáticos.

Las recientes investigaciones sobre el perro no acaban aquí. En el mismo número de la revista *Science*, investigadores del Instituto Max Plank de Leipzig, en Alemania, presentan los resultados de un estudio psicológico perruno fascinante. Cualquiera que tenga perro sabrá de la legendaria inteligencia de estos animales y de cómo son capaces de comprender a veces hasta nuestros estados de ánimo.

Algo que los perros adivinan con facilidad es dónde sus amos colocan la comida. Por ejemplo, si ponemos sobre una mesa dos recipientes, bien cerrados para evitar olores, uno que contiene comida y otro vacío, y dejamos que un perro observe como una persona mira o señala el recipiente que contiene el alimento, el perro adivinará correctamente casi con seguridad cuál es el recipiente lleno. Esta habilidad del perro es muy superior a la de lobos criados entre seres humanos y supera incluso a la del chimpancé. Lo que es más, incluso cachorros de perro de entre nueve y veintiséis semanas de edad demuestran también esta habilidad. Por esta razón, los investigadores argumentan que el perro, en su coevolución con el ser humano, ha adquirido mutaciones genéticas que le capacitan para leer mejor el lenguaje corporal de las personas. Por supuesto, esta conclusión no es del agrado de todos, y otros piensan que ese comportamiento es aprendido, no innato. El problema es que lo que puede ser también innato es una potencial mayor capacidad del perro para aprender el lenguaje corporal del ser humano. La polémica está servida. Sea como sea, el mejor amigo de la Humanidad no ha librado aún todos sus secretos, que en buena parte son también los nuestros.

2 de diciembre de 2002

HERMANO RATÓN

EL PASADO 5 de diciembre se publicó en la revista *Nature* el primer borrador de la secuencia del genoma del ratón, es decir, del orden de las cuatro moléculas que, unidas, forman el ADN de esa especie. Tras el humano, es el segundo genoma de mamífero secuenciado, lo que representa el nacimiento de una nueva disciplina científica: la genómica comparada. Esta disciplina no supone otra cosa que comparar la secuencia, cantidad y cualidad de los genes de especies diferentes, más o menos relacionadas, y extraer así conocimiento y conclusiones biológicas de esa comparación sobre una diversidad de aspectos, que van desde el plan corporal de cada especie, al funcionamiento molecular de las células, pasando, claro está, por los genes responsables de enfermedades.

HITO DE LA CIENCIA

Los resultados de la primera comparación de genomas de la historia de la ciencia, que es un hito científico de primera magnitud, revelan algunas cosas sorprendentes. Una de ellas es que ser humano y ratón poseen más o menos los mismos genes, unos treinta mil. Solo unos pocos cientos de genes son exclusivos de una u otra especie, pero los tipos de genes presentes en ambos organismos son similares, pertenecientes a las mismas familias estructuralmente relacionadas. En otras palabras, en las maquinarias murina y humana, no parece haber piezas que no estén relacionadas estructuralmente, aunque algunas piezas sean propias de una o de la otra especie. Llevando la analogía más lejos, si ratón y ser humano fueran máquinas, aunque una tenga una tuerca de un tamaño que no se encuentre en la otra, se trata de una tuerca, después de todo, y no de una pieza que no tenga relación estructural con las otras existentes en esas máquinas.

El ratón y el ser humano se separaron en el árbol evolutivo hace unos setenta y cinco millones de años, diez millones de años antes de la extinción de los últimos dinosaurios por la colisión, parece, de un cometa con nuestro planeta. Desde entonces, el genoma del ratón se ha ido separando del genoma humano mediante las mutaciones que inevitablemente se van acumulando a lo largo de la evolución de las especies. Se sabe hoy que el genoma del ratón muta unas dos veces más rápido que el del ser humano. Esto es quizá así porque el ratón necesita dos meses para pasar de una generación a otra, mientras que el ser humano necesita dos décadas. Sin embargo, algunos biólogos no están seguros de que esto explique completamente esta tasa de mutación tan elevada.

Hallazgos llaman a hallazgos

Sea como fuere, la comparación de las secuencias de ADN humanas y de ratón revela regiones de esos genomas que han mutado menos que otras. Esas regiones son aquellas que han sufrido una presión de selección natural para ser conservadas. Estas secuencias suponen alrededor del 5% del genoma de estas especies, lo que es mucho mayor de lo esperable si suponemos que solo las secuencias de ADN implicadas en la fabricación de proteínas indispensables para la vida sufren esta presión selectiva para no ser modificadas. Así pues, lo que esta comparación nos dice, en primer lugar, es que hay regiones del genoma no implicadas en la síntesis de las piezas de la vida, las proteínas, que también deben ser indispensables para la vida de nuestras especies y probablemente para la vida de, al menos, todos los mamíferos. Dada la importancia de esas regiones genómicas, es probable que mutaciones en esas zonas causen malformaciones o enfermedades con mayor frecuencia que mutaciones en otras regiones, por lo que ese 5% del genoma humano y de ratón representa ahora un buen terreno para la caza de genes o de regiones de ADN importantes para la salud de todos. Sin duda, este hallazgo promete ser la cuna de muchos más y es un ejemplo de cómo la investigación básica lidera el camino hacia la investigación aplicada, incluida aquí la investigación clínica.

El ratón, bien antes de la secuenciación de su genoma, ha sido el mejor aliado médico del ser humano, aun a pesar suyo. Desde el redescubrimiento de las leyes de Mendel de la genética, en 1900, esta especie ha sido muy utilizada en el laboratorio biomédico. En 1909, por repetición reiterada de cruzamientos entre hermanos y parientes relacionados, se crearon las primeras estirpes de ratones genéticamente homogéneos. Los individuos de estas estirpes son genéticamente idénticos entre sí, y capaces de tolerar trasplantes de órganos de unos a otros. Estas estirpes son ideales para estudiar el efecto de mutaciones de un único gen o estudiar el efecto de diferentes condiciones ambientales, como, por ejemplo, el efecto de varias dietas, sin que la diversidad genética interfiera con los resultados. Mutantes naturales de estas estirpes genéticamente homogéneas también aparecieron y propiciaron importantes descubrimientos sobre el papel de los genes en enfermedades humanas o en diversos procesos biológicos o fisiológicos. Baste mencionar que gracias a estudios realizados en ratones se han otorgado diecisiete premios Nobel en Medicina.

Transgénicos y *knockout*

El advenimiento de la Biología Molecular hizo posible que se pudieran incluir o eliminar a voluntad genes del genoma del ratón. Se crearon así ratones transgénicos, que poseían genes de otras especies, o copias adicionales de un determinado gen del que se pretendía estudiar los efectos de su sobreproducción. Igualmente, se produjeron ratones *knockout*, en los que se había eliminado un determinado gen para estudiar sus efectos. De esta manera se han creado ya unos cinco mil ratones *knockout*, (uno de los cuales creado en mi laboratorio), por lo que faltan de generar unos 25,000 más para poseer todos los ratones a los que les falte un gen de su genoma. Esto, que no es ciencia-ficción ni mucho menos, permitiría, mediante el cruce de los mismos, generar ratones *knockout* de dos o más genes relacionados, ya que en muchos casos, la eliminación de un gen no produce efectos de ningún tipo. Se podrían así generar modelos nuevos de enfermedades humanas en el ratón que permitirían su empleo para experimentar con terapias de las mismas.

El beneficio para la Humanidad del uso del ratón con fines científicos es incalculable. Y esto es quizá así, lo sabemos hoy, por la enorme similitud entre los genomas de ser humano y de ratón, lo que explica quizá también por qué las mujeres se suben a una silla al avistar a uno de esos simpáticos roedores. El genoma del ratón, tan parecido al nuestro, nos confirma igualmente que todos somos hermanos de la evolución, y mucho más los hombres y las mujeres entre sí, vengan de donde vengan.

9 de diciembre de 2002

Planeta Enfermo

LA CATÁSTROFE ECOLÓGICA del petrolero *Prestige* pone de nuevo de actualidad el estado de nuestro planeta. En algunos casos, la actividad humana ha deteriorado de manera dramática el habitáculo en el que casi ya hemos convertido a la Tierra, como resultado de la globalización.

Recordemos brevemente alguno de los problemas ecológicos con los que nos enfrentamos gracias a que nosotros mismos los hemos creado. El primero es el aumento de la temperatura global. De producirse más allá de ciertos límites, el deshielo de los cascotes polares amenaza con anegar buena parte de la superficie costera de los continentes. Se estima que, de seguir como hasta ahora, la elevación media de la temperatura media del planeta será de 1,8 a 6°C en las próximas décadas. Además del deshielo, cambios climáticos significativos en ciertas regiones producirán grandes inundaciones y grandes sequías. La emisión de dióxido de carbono, gas del que se emiten a la atmósfera unos 3.300 millones de toneladas anuales, parece ser la culpable principal de este calentamiento, pero los países – trozos de terreno en los que todavía se divide la Tierra global– no son capaces de ponerse de acuerdo para limitar sus emisiones, puesto que estas están indisolublemente asociadas a la actividad económica y al modo de vida de los más ricos y poderosos. Perversamente, se utiliza aquí la precaución y objetividad de la ciencia, incapaz aún de demostrar que el calentamiento observado ya es debido a la actividad humana y no a otros factores, para continuar como si nada, o casi nada, pasara hasta que la ciencia no nos lo demuestre. Para entonces puede ser demasiado tarde. En cualquier caso, sea o no debido el calentamiento al dióxido de carbono, no hay duda de que la actividad humana prácticamente ha duplicado su cantidad en la atmósfera en el último siglo. De esto, los culpables son, por orden de importancia, los Estados Unidos, con un 24% de las emisiones mundiales en su aval, y la Unión Europea y China, con un 13% de las emisiones para cada una.

Deterioro del suelo

El deterioro del aire no es el único efecto de la actividad humana. La tierra es también afectada. Por ejemplo, cada año en el norte de China, el desierto avanza unos 2.400 km^2. El aumento galopante de la población y el cultivo masivo de cereales, crianza de ovejas y cabras y la deforestación incontrolada son los culpables. Las consecuencias, entre otras, son enormes tormentas de arena que se abaten sobre Pekín y llegan ya hasta el Tíbet, además de la destrucción de tierras arables y de la amenaza de escasez de agua para cuatrocientos millones de chinos, diez veces la población española.

El uso masivo de agua para la agricultura ha producido en algunos casos, cambios espectaculares en la geografía del planeta. Por ejemplo, el mar de Aral, situado entre Kazakhstan y Uzbekistán en la antigua Unión Soviética, ha visto su orilla retrotraerse hasta cien kilómetros en algunos puntos. Pueblos enteros de pescadores han desaparecido.

Solo el 11% de las superficies emergidas son cultivables y parece que del treinta al 60% de las mismas está ya degradado y empobrecido desde el punto de vista de su riqueza biológica o su capacidad de filtrar el agua. Así, estas tierras pierden poco a poco su fertilidad debido a su mala utilización, que incluye irrigación con aguas más o menos saladas, lo que acaba acumulando sodio en el suelo hasta concentraciones tóxicas para las plantas. Se estima hoy que unos setenta millones de hectáreas cultivables están deterioradas de modo irreversible.

Menos agua

El empleo indiscriminado del agua deteriora también la calidad del agua potable. El agua dulce supone solo el 2,5% del agua del planeta. De este 2,5%, dos tercios es agua de glaciares y nieves permanentes, de difícil utilización.

El tercio restante, unos ciento diez billones de metros cúbicos, proviene del agua de lluvia, de la que se evapora más de setenta billones de metros cúbicos antes de su utilización. De los cuarenta billones de metros cúbicos restantes, la mayoría no puede utilizarse por caer en montañas o lugares poco accesibles. Así solo quedan doce billones y medio de metros cúbicos disponibles que deberían ser suficientes para todos (cada habitante del planeta usa una media de 137 litros diarios; 168 en España) si no fuera que su reparto es muy desigual y ciertas zonas de la Tierra, de población creciente, se ven amenazadas seriamente por falta de agua. Por otra parte, el consumo aumenta con el desarrollo económico, además de con el aumento de población, por lo que la escasez de agua es un problema que se agudiza.

Todos estos problemas tienen, por supuesto, una importante repercusión, no solo en la población humana, sino en la fauna y en la flora que hasta hace poco poblaba abundantemente nuestro planeta. El impacto de la actividad humana sobre la biodiversidad es tal que la época que vivimos ha sido comparada a una de las grandes etapas de extinciones masivas que han sucedido a lo largo de la historia de la vida sobre la Tierra. Más de once mil especies están seriamente amenazadas de extinción. Las especies de la cuenca mediterránea son, precisamente, de las más amenazadas.

Ante este sombrío panorama, no todo es negativo. No hay duda que desde finales del siglo pasado se ha producido un aumento de concienciación y preocupación frente a este problema. Organizaciones gubernamentales y no gubernamentales hace ya años que luchan para frenar el deterioro ecológico del planeta. La tecnología, que ha ayudado a conseguir este deterioro, puede también ser usada para ayudar a frenarlo. Disponemos hoy, por ejemplo, de una red de satélites de vigilancia terrestre que pueden detectar variaciones del nivel de ozono, elevaciones mínimas del nivel del mar, fuentes industriales de gases polucionantes, o incluso la limpieza clandestina de petroleros en alta mar. Estos datos servirán para conocer mejor el efecto de la Humanidad sobre el planeta que la vio nacer y facilitarán la toma de decisiones para evitar o contrarrestar estos efectos. Desastres ecológicos como el del *Prestige* pueden tener también su lado positivo, como el de servir de acicate para establecer medidas y regulaciones que impidan la repetición de tragedias similares, y aumentar la concienciación de la población del mundo ante la agresión que está sufriendo nuestro bellísimo planeta azul. Seamos pues optimistas y convenzámonos de que con la ayuda y participación de todos, evitaremos la destrucción ecológica de nuestro planeta.

16 de diciembre de 2002

EL NACIMIENTO DE DIOS

EN ESTOS DÍAS en los que muchos, en muchas partes del mundo, se disponen a celebrar el nacimiento de Dios hecho hombre, me ha parecido apropiado que nos demos un paseo sobre lo que la ciencia ha descubierto sobre el nacimiento de dios.

Seamos claros desde el principio. Aunque muchos científicos crean en la existencia de un ser divino, disciplinas científicas como la arqueología y otras dan por hecho que no fue dios quien creó al ser humano sino el ser humano quien, en algún momento de su evolución biológica y cultural, creó a dios a su imagen y semejanza.

Es difícil, quizá imposible, determinar cuándo los primeros seres humanos comenzaron a creer en un más allá y en un ser superior. Puesto que las religiones actuales son tan dependientes de símbolos y de simbolismos, la arqueología se ha centrado en intentar averiguar cuándo nació el primer símbolo para intentar datar cuando nació la espiritualidad humana.

Ciertos hallazgos arqueológicos son muy importantes en este aspecto. Contamos, en primer lugar, con una piedra, en forma de galleta, a la que la erosión moldeó por azar para darle la apariencia de un rostro humano. La piedra fue encontrada a unos diez kilómetros del lugar dónde se encontraba inicialmente. Esto no tendría mayor importancia si no se hubiera averiguado que la piedra tiene unos tres millones de años. Un australopiteco, ancestro nuestro, la descubrió y él o ella la llevó consigo por alguna razón, ¿quizá porque le recordaba el rostro de alguien muerto recientemente? La pregunta queda en el aire, pero el hecho de que ese australopiteco llevara consigo ese objeto indica que ese animal poseía ya una capacidad simbólica, una capacidad para reconocer que el mundo exterior puede ser representado por símbolos, lo que parece ser necesario para el nacimiento de la religión.

Otros hallazgos indican también que la capacidad simbólica nació mucho antes de la aparición del *Homo sapiens*. El análisis microscópico de una figurilla de aspecto femenino, de unos 250.000 años de antigüedad, indica que fue tallada, aun toscamente, posiblemente para ser llevada alrededor del cuello. Esto la convierte en el primer objeto fabricado por un ancestro del ser humano moderno con una finalidad decorativa, lo que demuestra que poseía ya un valor simbólico. Esto no es suficiente, sin embargo, para concluir que ese ancestro de los humanos creía ya en dios y en el más allá.

Las primeras muestras indudables de una forma de creencia las suministran las sepulturas que contienen restos de ritos funerarios. Estas no aparecen sino hasta hace unos 100.000 años. Sin duda, esta etapa de la evolución humana es primordial, ya que enterrar a los muertos y dejar en sus tumbas objetos, como flores, tal como indica el análisis de polen fosilizado encontrado en las tumbas, o incluso caparazones de caracol, supone una creencia en un mundo más allá del nuestro. Esta creencia es quizá el resultado de la conciencia de nuestra propia muerte a la vez que un acto de rebeldía, de repulsa contra ella, de no aceptar que nos encontramos a merced de las fuerzas de la Naturaleza, de las leyes de la Biología. Es un intento de escapar a nuestra condición biológica, de rechazo de la Naturaleza puramente animal del ser humano.

Es muy interesante el hecho de que las sepulturas más antiguas descubiertas no son exclusivas del *Homo sapiens*. El hombre de Neanderthal, extinto desde hace solo unos 28.000 años al no poder competir con éxito con el hombre de Cromañón, del que descendemos todos y todas, también desarrolló el respeto a los muertos y la creencia en otra forma de existencia. Esto indica que hace falta un cierto nivel de evolución biológica, y cerebral, para poder albergar creencias propias de la religión.

Enterrar a los muertos y efectuar ritos mortuorios no quiere decir que los hombres de Neanderthal y Cromañón, hace unos 100.000 años, inventaran a dios, aunque tampoco es imposible que eso sucediera. Sin embargo, no disponemos de pruebas anteriores a hace unos 12.000 años de la aparición de los primeros dioses, y eso a pesar de que las cuevas de Lascaux y Altamira sugieren que el hombre de Cromañón poseía ya una espiritualidad compleja bien antes de esa época.

Las primeras estatuillas realizadas por la Humanidad que representan divinidades más allá de una duda razonable son la diosa-madre y el dios-toro. La primera es una mujer imponente dando nacimiento sentada sobre un sillón cuyos brazos son panteras. Esta estatua puede representar la fertilidad femenina al mismo tiempo que el control sobre la Naturaleza, representada por las panteras de los brazos del sillón. Sin duda, esta buena señora no era una mujer común.

Datos arqueológicos recientes parecen indicar que el nacimiento de los primeros dioses inventados por la Humanidad precedió el nacimiento de la agricultura. Esto es, en mi opinión, fascinante porque, de ser cierto, pone de manifiesto la importancia de la invocación a los dioses para tener fe en que la Naturaleza nos va a ser favorable, condición necesaria para obtener buena cosechas.

Sea como fuere, el nacimiento de la idea de dios posee también una base biológica, como ya esbozaba al principio. Nuestro cerebro ha evolucionado como una máquina para generar y creer en hipótesis sobre cómo funciona el mundo exterior. Esa máquina de generar hipótesis es la que ha permitido el tardío nacimiento de la ciencia, y el mucho más temprano de la religión que, en realidad, se alimentan de la misma fuente. La formulación de hipótesis sobre cómo funciona el mundo exterior es una capacidad indispensable para predecirlo y para utilizarlo en beneficio nuestro. La aparición de la hipótesis de un dios poderoso, controlador y creador de la Naturaleza es una hipótesis que no solo permite entender ese hasta entonces incomprensible y a veces pavoroso mundo, sino que posibilita la creencia de que es posible influir en ese mundo a través de la comunicación con un ser semejante a nosotros. Es una hipótesis tan atractiva y tranquilizadora que sigue siendo abrazada aún por la gran mayoría de la Humanidad, independientemente de las evidencias a favor o, sobre todo, en contra que la misma Humanidad ha acumulado a lo largo de los años. Por esa razón, solo me queda desearle una felicísima Navidad.

23 de diciembre de 2002

Ciencia 2002

PARA NO DESENTONAR con las tradiciones periodísticas e informativas de esta época del año, vamos a recorrer brevemente algunos de los logros científicos del año que está a punto de acabar y que más importantes me han parecido.

Este año ha sido, en mi opinión, otro más reflejo de la apasionante época científica que estamos viviendo. Es una época de grandes logros científicos, sobre todo en Biología y Medicina, aunque otras disciplinas, que ya tuvieron su edad de oro, no se queden atrás, ni mucho menos. Como muestra de lo que digo, baste mencionar que este año se han publicado las secuencias de los genomas de cinco organismos: el del parásito de la malaria y el del mosquito que lo transporta, el del carbunco (ántrax), el del arroz y el del ratón. La malaria mata en África a una persona cada treinta segundos. Conocer las piezas biológicas de las que el parásito que causa esta terrible enfermedad y el mosquito que lo transporta están compuestos es una información valiosísima para desarrollar estrategias terapéuticas contra ellos. El genoma del arroz puede proporcionar información para mejorar la resistencia y productividad de esa planta, base de la alimentación de miles de millones de personas en el mundo. El genoma del carbunco puede ayudar a desarrollar nuevas medidas antibioterroristas. Por último, conocer que el ratón y el ser humano son mucho más similares de lo que a muchos les gustaría, como ha revelado la secuenciación de su genoma, es una excelente noticia para acrecentar la esperanza de poder desarrollar nuevas terapias contra enfermedades, aún incurables, mediante la experimentación con ese animal de manera más informada y sabia de lo que se hacía antes.

Avances impresionantes siguen produciéndose, y también se han producido en este año que acaba, en la comprensión del funcionamiento de nuestro cerebro, avances que pueden ser ya utilizados para lograr que una persona pueda controlar el movimiento del cursor de un ratón sobre la pantalla de un ordenador o el movimiento de un brazo mecánico, con su solo pensamiento. Estos logros pueden ser capitales para mejorar la vida de miles de parapléjicos y tetrapléjicos. El ser humano, por fin, está inventando máquinas para controlar con su pensamiento a otras máquinas, tras haber inventado, hace ya mucho tiempo, máquinas para que le controlen el pensamiento a él (la televisión, entre otras).

Reproducir algunos de los fantásticos logros del mundo vivo promete importantes avances tecnológicos. Así, no hay cable más resistente por unidad de peso que la tela de araña. Este año, se logró un importante avance en el intento de producir tela de araña artificial, que tendría múltiples e importantes usos. Y es que la ciencia se pone a la altura de la imaginación más calenturienta y del propio Hollywood, y hasta los sobrepasa, y es capaz, un día, no solo de convertir a *Spiderman* en realidad sino hasta de clonarlo.

Este año, conocimos también a nuestro ancestro más antiguo, *Sahelanthropus tchadensis*, que vivió sobre el planeta hace siete millones de años y que nos aproxima de manera importante al punto de la evolución de las especies en el que humanos y chimpancés divergieron en sus destinos.

Los científicos hicieron también avances significativos en la investigación con la clonación y células madre. Así, se logró el trasplante con éxito de células de un tejido del clon de una vaca a su original, evitando así el rechazo inmunológico que es propio de los trasplantes. Aunque no se ha realizado nada similar en seres humanos, por evidentes razones éticas, millones de enfermos que sufren de problemas de pulmón, riñón o hígado podrían beneficiarse del trasplante de células clonadas sanas de esos tejidos, si la ciencia es capaz de desarrollar métodos que superen, precisamente, los problemas éticos, y no tanto los científicos o técnicos, ya al alcance de la mano, que el empleo de estas nuevas terapias en seres humanos conlleva.

En otro orden de cosas, se ha descubierto, gracias a la nave no tripulada *Mars Odissey*, que Marte contiene grandes depósitos de agua helada solo decenas de centímetros bajo su superficie. Esto abre la posibilidad a que haya existido vida similar a la nuestra en ese planeta, o que incluso exista aún hoy. Los sitios de presencia de agua en Marte pueden constituir futuros sitios de aterrizaje de una nave tripulada, al mismo tiempo que posibilita el envío de nuevas naves para recuperar y analizar el agua de ese planeta en busca de signos de vida que, de confirmarse, constituirían uno de los descubrimientos más importantes nunca realizados.

Este año que acaba aumentó la talla del sistema solar con el descubrimiento de un cuerpo helado, bautizado con el nombre de Quaoar. Quaoar posee la mitad del tamaño de Plutón, y se encuentra a más de seis mil millones de kilómetros de la Tierra (metro más, metro menos).

La Humanidad comprende mejor a partir de este año cómo todo comenzó. Astrónomos y astrofísicos han descubierto que, como predecía la teoría, la radiación cósmica de fondo está ligeramente polarizada. Sin entrar aquí en explicar qué es esto de la polarización y de la radiación de fondo, quedémonos simplemente con el hecho de que este descubrimiento confirma que Materia, Espacio y Tiempo nacieron de una Gran Explosión hace unos quince mil millones de años (mes más, mes menos).

La ciencia, por desgracia, no está exenta de miserias y este año los físicos debieron retirar el elemento número 118 de la tabla periódica al ser incapaces varios laboratorios de reproducir los experimentos que condujeron a su inclusión en dicha tabla, en 1999. A veces, ansias de fama y reconocimiento conducen a aceptar meros deseos como hechos demostrados. Afortunadamente, la comunidad científica es consciente de este fenómeno humano y tiende a ser muy cauta y a intentar confirmar cualquier nuevo descubrimiento, sobre todo si este es especialmente espectacular. Recordemos, si no, el caso, hace ya casi trece años, de la fusión fría.

Con lo bueno y con lo malo, la ciencia avanza y con ella avanza el mundo, la civilización, el ser humano. Sin duda, hay aspectos negativos de la ciencia y, sobre todo, de su aplicación tecnológica: el calentamiento del planeta, la polución, el bioterrorismo, por nombrar unos pocos. Sin embargo, en un mundo lleno de tensiones y problemas, casi todas las buenas noticias provienen, precisamente, del mundo de la ciencia, y no del de la política o del de la economía. Con todo lo que puede asustarnos, la empresa científica, quizá la más humana de todas las empresas, como ya he dicho en alguna ocasión, es la que nos proporciona más motivos de esperanza y de optimismo. Solo queda ahora seguir esperando un año más que este simple hecho sea comprendido por los políticos españoles y se logre así que la ciencia tenga también en España el sitio que con tanto esfuerzo y con promesas cumplidas, muchas veces sobrepasadas, se ha ganado y sigue ganándose cada día, en la historia de la Humanidad. Ojalá que, este año que comienza, la ciencia interese a todos algo más que en el que acaba y nos acompañe un poquito más también en nuestras vidas, a las que mejorará. Feliz año nuevo.

30 de diciembre de 2002

FIN DEL VOLUMEN I

www.ingramcontent.com/pod-product-compliance
Lightning Source LLC
Chambersburg PA
CBHW060843170526
45158CB00001B/221